本书受国家自然科学基金项目（72173011）资助

光明社科文库
GUANGMING DAILY PRESS:
A SOCIAL SCIENCE SERIES

·经济与管理书系·

生态价值增值经济学

张 颖 | 著

光明日报出版社

图书在版编目（CIP）数据

生态价值增值经济学 / 张颖著. -- 北京：光明日报出版社，2025.1. -- ISBN 978-7-5194-8470-5

Ⅰ.Q14

中国国家版本馆 CIP 数据核字第 20254VV815 号

生态价值增值经济学
SHENGTAI JIAZHI ZENGZHI JINGJIXUE

著　　者：张　颖	
责任编辑：许　怡	责任校对：王　娟　李海慧
封面设计：中联华文	责任印制：曹　净

出版发行：光明日报出版社
地　　址：北京市西城区永安路 106 号，100050
电　　话：010-63169890（咨询），010-63131930（邮购）
传　　真：010-63131930
网　　址：http://book.gmw.cn
E - mail：gmrbcbs@gmw.cn
法律顾问：北京市兰台律师事务所龚柳方律师
印　　刷：三河市华东印刷有限公司
装　　订：三河市华东印刷有限公司
本书如有破损、缺页、装订错误，请与本社联系调换，电话：010-63131930

开　　本：170mm×240mm
字　　数：165 千字　　　　　　　　　印　张：15.5
版　　次：2025 年 1 月第 1 版　　　　印　次：2025 年 1 月第 1 次印刷
书　　号：ISBN 978-7-5194-8470-5
定　　价：95.00 元

版权所有　　翻印必究

序

  生态价值增值经济学是笔者新提出的一种应用经济学分支，它强调的是在经济发展过程中如何保护和增强自然环境的价值。这一领域的研究不仅包括了传统意义上的经济增长，还特别关注如何通过可持续的方式利用自然资源，以确保未来的代际公平及生态平衡。

  随着全球环境问题的日益严峻，人们越来越意识到传统的经济增长模式对环境造成的负面影响。生态价值增值经济学正是在这种背景下应运而生的，它试图寻找一种既能促进经济发展又能保护生态环境的新路径。

  本书的核心理念：（1）可持续发展，强调经济活动与环境保护之间的和谐共生。生态系统中生态要素之间的共生关系及其带来的价值增值是一个非常重要的概念。价值增值主要体现在生态系统的能量流动和物质循环的过程中。只有保持经济活动与环境保护之间的和谐共生，才能实现生态系统的稳定运行和持续发展。（2）生态系统服务价值，认识到自然环境所提供的服务（如净化空气、水源保护等）具有重要的经济价值。因此，生态系统服务不仅是维持地球生命支持系统的基石，也是推动社会经济发展的重要资本。（3）资源有效利用，提倡高效、节约地使用自然资源，减少浪费，提高生态价值增值和生态系统服务效率，是实现可持续发展的重要途径。（4）代际公平，确保当前的发展不会损害未来世代的利益。代际公平是指当前一代人在开发利用自然资源的同时，应当考虑后代人的需求和利益，确保他们也能享受同等或更好的自然环境和资源条件。实现代际公平对于促进可持续发展、保护地球生态环境具有重要意义。

本书的主要研究内容：（1）生态价值评估方法。开发和应用科学的"生态—环境"价值评估方法来量化自然环境及其提供的服务的价值。尤其采用社会网络分析方法，把社会经济、生态系统等构成和联系的基本"节点""管道"，采用可视化的关联网络图反映出来，并重点探讨经济活动与环境保护之间共生关系中的生态价值增值的机理、原理等，这也是本书的一大特色和创新。（2）政策与实践，探讨如何通过政策引导和社会实践推动生态友好型经济发展模式，并分别以承德市森林生态系统生态价值增值为例，研究生态友好型经济发展模式。（3）市场机制创新，探索建立绿色金融体系、碳交易市场等新型市场机制的可能性，促进生态价值增值的实现。（4）技术进步与应用，研究新技术如何帮助提高资源利用率、减少环境污染，提高生态系统稳定性和可持续性。

研究在上述内容基础上，还对生态价值增值经济学的未来发展趋势进行了展望，指出生态价值增值经济学的发展对于解决当今世界面临的环境危机具有重要意义。随着相关理论研究和技术手段的进步，我们有理由相信，未来能够实现更加可持续、绿色的经济增长模式，为人类创造更加美好的生活环境。

生态价值增值经济学的研究和实践不仅是学术界的重要议题，也是政府、企业乃至每一个公民都应该积极参与的事业。只有共同努力，才能真正实现人与自然和谐共生的美好愿景。

生态价值增值经济学仅仅是笔者的一些研究思考和初步总结，研究得到北京林业大学经济管理学院温亚利教授，美国密歇根州立大学尹润生教授，奥本大学、加拿大 Green-great Corp 孙昌金博士等的大力支持和帮助，张子璇、李艺欣、薛宇、武韦倩、何雯睿、王嘉玮等也参加了一些研究和讨论，在此表示衷心感谢。书中不足之处，希望各位同人批评指正。

笔者

2024 年 7 月 30 日

目 录
CONTENTS

引 言 …………………………………………………………… 1

第一章　生态系统、生态价值、生态价值增值的含义、
　　　　经济学意义 ………………………………………… 5
　第一节　生态系统概述 ………………………………………… 6
　第二节　生态价值的含义 ……………………………………… 9
　第三节　生态价值增值的含义 ………………………………… 27
　第四节　生态价值增值的经济学解释、意义及价值增值
　　　　　问题提出 …………………………………………… 30

第二章　生态价值开发的沿革、国际实践与路径优化 ……… 37
　第一节　生态价值开发的沿革 ………………………………… 37
　第二节　生态价值开发的国际实践 …………………………… 40

第三节　生态价值开发及价值形成的路径优化 ………………… 48

第三章　生态价值溢出：理论框架与未来研究趋势 ………… 52
第一节　生态价值形成与价值溢出 ……………………………… 52
第二节　生态价值溢出的理论框架 ……………………………… 56
第三节　生态价值溢出的未来研究趋势 ………………………… 79

第四章　生态价值增值的原理、机制 …………………………… 84
第一节　生态价值溢出与价值增值 ……………………………… 84
第二节　生态价值增值的原理 …………………………………… 86
第三节　生态价值增值的机制 …………………………………… 91

第五章　生态价值增值的过程与支撑 …………………………… 110
第一节　生态价值的增值过程 …………………………………… 110
第二节　生态价值的支撑 ………………………………………… 113

第六章　生态价值增值的生态、社会关系、渠道 …………… 116
第一节　生态、社会关系与价值链 ……………………………… 116
第二节　生态价值的增值渠道 …………………………………… 122
第三节　生态网络与价值流动 …………………………………… 128

第七章　生态价值增值的正外部性和负外部性 ·········· 137
第一节　生态价值增值的正外部性分析 ············· 137
第二节　生态价值增值的负外部性分析 ············· 148
第三节　生态价值增值正外部性的社会网络分析 ········ 156

第八章　生态价值增值的制度、规制作用 ············ 166
第一节　生态价值增值制度概述 ················ 166
第二节　生态价值增值规制的作用 ··············· 174
第三节　生态价值增值制度、规制完善的建议 ········· 182

第九章　生态价值增值与数字资产 ················ 194
第一节　数字资产 ······················· 194
第二节　生态价值增值与数字资产的关系 ············ 200

第十章　生态价值增值经济学的未来展望 ············ 203
第一节　生态价值增值经济学理论方法的未来展望 ······· 203
第二节　生态价值增值经济学应用的未来展望 ········· 213

参考文献 ··························· 223

后　记 ···························· 235

引　言

随着全球环境问题的日益严峻，生态价值增值作为实现可持续发展的重要途径，越来越受到学术界的关注。生态价值增值不仅关乎环境保护，也影响着社会经济的长期健康发展，因此需要从生态学、经济学和社会学等学科视角进行深入研究。

本书旨在全面探讨生态价值增值的经济机理，涵盖其理论框架、实现机制、影响因素、路径优化，以及未来发展趋势等。第一，本书阐述了生态系统、生态价值、生态价值增值的概念及其经济学意义。生态系统是指在一定空间内生物和非生物成分通过物质循环和能量流动的相互作用、相互依存而构成的一个生态学功能单位，其功能特征主要体现在能量流动、物质循环、生物多样性维持、生态平衡调节等方面。生态价值是指生态环境对人类福利的贡献，其分类包括供给价值、调节价值、文化价值和支持价值，并具有多样性、非市场性、公共性、不可替代性、时空性、系统性和可持续性等特点。生态价值增值是指通过特定的管理、保护、恢复和利用措施，提高生态系统服务功能和价值的过程，其表现形式包括生态系统恢复和保护、可持续利用和经济增值、社会效益提升等。运用案例分析，选取承德市森林生态系统作为研究对象，在当量因子法、社会网络分析方法的基础上通过修正因子对承德各区县2005年、2010年、2015年及2020年的森林生态系统服务价值进行评估。第二，系统分析了生态价值开发的沿革、国际实践与路径优化。从起源和发展变化来看，生态价值开发经历了从萌芽起步阶段到全面推进阶段。国外实践包括欧盟的生态系统服务评估、澳大利亚的国家公园系统、美国的环境服务支付计划、德国的绿色能源转型、加拿大的气候变化适应策略等。国内实践则从年度文献数量统计、机构合作网络、关键词聚类图分析和关键词时区图分析等方面，展示了该领域研究的热点和发展趋势。为了实现生态价值的最大化，需要优化生态价值形成的路径，包括政府路径优化、市场路径优化，以及政府与市场相结合路径优化。第三，探讨了生态价值溢出的理论框架与未来研究趋势。生态价值溢出是指生态系统在满足人类基本需求的基础上，通过其功能和服务的发挥，对人类社会产生的间接性、非货币化的利益。其理论框架包括生态价值溢出的概念、度量方法、驱动因素和管理策略，并采用社会网络分析方法，构建承德市森林生态系统服务价值关联网络，对该地区2005年、2010年、2015年及2020年的森林生态系统服务价值的溢出效应进行评估。未来研究趋势将更加注重量化评估与动态监测、跨学科整合研究，以及全球视野与地方特色。第四，对生态价值增值的原理和机制进行分析。生态价值增值的原理主要包括生态价值溢出与价值增值的关系、生态价值增值的定义和来源。生态价值增值的机制主要包括提升生态系统服务功能、完善生态补偿机制，以及促进生态资本的有效转化。通过这些机制，可以实现生态资源的实物量增长和经济流量的累积，最终促进生态价值增值。第五，探讨了生态价值增值的过程与支撑因素。生态价值的增值过程遵循着"生态资源—生态资产—生态资本—生态产品—价值实现"的内在规律。生态价值的支撑依赖于一系列关键因素，包括生态系统的完整性、可持续利用自然资源、环境政策与法规、生态文明理念、科技进步、公众参与和环保意识、经济激励机制，以及国际合作与交流等。第六，分析了生态价值增值的生态、社会关系和渠道。生态价值增值的生态关系主要体现在生态系统中的相互依存关系，社会关系主要体现在社会生态学的视角下，价值链则体现在生态系统服务是企业价值链的基石，社会关系在价值链中也起到了润滑剂的作用。生态价值的增值渠道主要包括自然资本的增值和社会、文化资本的增值。第七，对生态价值增值的正外部性和负外部性进行阐述。生态价值增值的正外部性主要表现在环境改善、气候调节、生物多样性保护、水资源管理和社会文化等方面。利用社会网络分析方法，通过网络密度、连线数量、中心度等指标，对承德市各区县间森林生态系统服务价值的溢出效应进行系统分析，探讨其显著的正外部性。生态价值增值的负外部性主要表现在环境污染和生态退化、资源过度利用和竞争、生物多样性损失和物种入侵、社会经济冲突和利益分配不均，以及管理成本和实施难度等方面。第八，分析了生态价值增值的制度及规制作用。生态价值增值制度是指通过一系列政策、法规、激励措施和管理工具，促进生态系统的保护和恢复，从而实现生态系统服务功能和价值的提升。生态价值增值规制的作用主要体现在内部化作用、激励作用和协调作用等方面。第九，阐述了数字资产的概念内涵，分析了生态价值增值与数字资产之间的关系。通过利用数字技术来数字化、量化和交易生态价值，能够更好地实现生态价值增值，实现人与自然的和谐共生。第十，对生态价值增值经济分析进行展望。未来研究将更加注重集成多学科的研究方法、动态评估和预测模型的开发、大数据和人工智能技术的应用、全球价值评估标准化，以及风险和不确定性的准确考量。

总之，生态价值增值经济学是应用经济学的一个分支领域，它侧重将理论应用于实际问题，特别是关于如何在经济活动中考虑和实现生态环境价值的问题。生态价值增值经济分析也是一个跨学科的研究，需要从多个视角进行深入研究。通过理论方法的创新和应用，可以更好地理解和评估生态价值，并制定有效的政策和措施，推动生态保护和可持续发展。创立生态价值增值经济学的主要目的是将生态系统的健康与可持续性纳入经济决策中，以实现环境、社会和经济三方面的协同发展。该经济学理论强调自然资源的价值，并试图通过各种机制来保护和增加这些资源的价值。生态价值增值经济学也面临一些挑战，但其在推动可持续发展方面具有巨大的潜力和重要性。随着相关理论和技术的进步，这一领域的前景非常广阔。生态价值增值经济学在研究中也存在明显的不足，一些理论、方法仍需要不断丰富和完善，但面对未来发展趋势，我们有理由坚定地支持生态价值增值经济学的发展。

第一章

生态系统、生态价值、生态价值增值的含义、经济学意义

习近平总书记指出，"要进一步健全资源环境要素市场化配置体系，用好绿色财税金融政策，让经营主体在保护生态环境中获得合理回报"[①]。要想实现生态产品价值，就要充分发挥市场和政府的作用，通过要素配置优化实现生态价值增值，实现生态产品的生态价值充分显现、经济价值被市场认可、社会价值稳步提升。本章通过厘清生态系统、生态价值、生态价值增值的概念及其经济学意义，为更好地理解和评估生态价值，实现生态价值增值提供坚实基础。

[①] 中共中央党史和文献研究院.习近平关于金融工作论述摘编 [M].北京：中央文献出版社，2024：127-128.

第一节 生态系统概述

一、定义

生态系统,它是指一定空间内生物和非生物成分通过物质循环和能量流动的相互作用、相互依存而构成的一个生态学功能单位。[①]维基百科把生态系统定义为生态系统是一个生物群落,它与环境中的非生物组成部分相互作用,并形成一个系统。这些生物和非生物成分通过营养循环和能量流动联系在一起。[②]大多数学者认为此特定环境里的非生物因子(如空气、水及土壤等)与生物之间具有交互作用,不断地进行物质的交换和能量的传递,并借由物质流和能量流的连接,而形成一个整体。[③]生态系统不仅创造与维持了地球生命支持系统,形成了人类生存所必需的环境条件,还为人类提供了生活与生产所必需的食品、医药、木材及工农业生产的原材料。生态系统作为生态学研究的主要单元,具备自我调节的能力,并且承载着能量流动、物质循环、信息传递,以及价值增值等核心功能。一般来说,生态系统的营养级数不会超过6级[④],因此它被视为生态学

[①] 潘鸿,李恩. 生态经济学 [M]. 长春:吉林大学出版社,2010:30.
[②] Ecosystem [EB/OL]. Wikipedia, 2018-05-22.
[③] National Geographic Society. Ecosystem [EB/OL]. Education, 2024-03-06.
[④] 王松霈. 生态经济学 [M]. 西安:陕西人民教育出版社,2000:54-66.

研究中最高层次的对象。

二、特征

生态系统是由生物群落及其生存环境共同组成的动态平衡系统。生态系统的六大特征包括组成特征、开放特征、时间特征、功能特征、空间特征和可持续性特征。

(一)组成特征

生态系统包括有生命成分(如植物、动物、微生物)和无生命成分(如土壤、水、气候)。这些成分相互作用,共同构成了生态系统的整体。其中生物群落是生态系统的核心,是区别于其他系统的根本标志。[①]

(二)开放特征

各类生态系统都是不同程度的开放系统,即它与周围环境有物质和能量的交换,需要不断地从外界环境输入能量和物质,经过系统内的加工、转换再向环境输出。这意味着生态系统不是孤立存在的,而是与周围的环境相互联系、相互影响的。例如,生态系统与周围的地球大气层和水循环系统之间存在物质和能量的交换。[②]

(三)时间特征

组成生态系统的生物随着时间推移而生长、发育、繁殖和死亡。生态系统也表现出这种明显的时间特点,具有从简单到复杂、从低

---

① Ecosystem [EB/OL]. Wikipedia,2018-05-22.
② Ecosystem [EB/OL]. UN Environment Programme,2024-06-18.

级到高级的发展演变规律。换句话说，生态系统的发展和演变是一个动态的过程，随着时间的推移，生态系统内部的结构、组成和功能都会发生变化。生态系统的生产力随着生态系统的发育呈现出明显的时间特征，其中时间特征强调了生态系统的历史演化和未来发展的重要性。[1]

（四）功能特征

生态系统的生物与环境之间相互作用，其功能特征主要体现为能量流动、物质循环、生物多样性维持、生态平衡调节等。这些功能使生态系统能够维持其稳定性，并且对外界变化做出相应调整。[2]

其中最重要的两个功能特征分别是自我调节和适应性。其中，自我调节涉及系统内部的负反馈机制，以维持系统内部平衡；适应性则指生态系统对外界环境变化做出的响应和调整，以保持其功能和结构的稳定性。自我调节和适应性都是生态系统为了保持稳定性而发展的功能。

（五）空间特征

生态系统通常与特定的空间相联系，是生物体与环境在特定空间的组成，从而具有较强的区域性特点。在空间上，生态系统具有一定的范围和分布特征，它们可能是地域性的、局部的或全球性的。空间特征考虑了生态系统在地理位置上的分布、形态、大小等因素。

---

[1] Ecosystem [EB/OL]. UN Environment Programme，2024-06-18.
[2] Ecosystem [EB/OL]. UN Environment Programme，2024-06-18.

（六）可持续性特征

生态系统的可持续性特征强调了生态系统的稳定性和持续性。一个健康的生态系统应该能够长期维持其结构和功能，不至于因为外界压力而崩溃或更新。可持续性特征考虑了生态系统的自我修复能力、适应性，以及对外部干扰的承受能力。同时，可持续发展观要求人们转变思想，对生态系统加强管理，保持生态系统健康和可持续发展特性，在时间空间上实现全面发展。[1]

第二节　生态价值的含义

一、定义

生态价值涉及哲学范畴、经济学和生态学理论，是对生态环境与人类之间关系的解读。首先，从哲学角度看，价值是客体满足主体需要的福利关系或效益关系。[2] 例如，柏拉图和亚里士多德等古代哲学家关注自然环境与人类生活的关系，并探讨了自然资源的利用和保护。据此，生态价值可理解为生态环境对人类福利的贡献。随着时代的变迁，生态价值的概念逐渐演变，受到了经济学、生态学

---

[1] 欧阳志云，王如松．生态系统服务功能、生态价值与可持续发展 [J]．世界科技研究与发展，2000，22（5）：45-50．

[2] 卫兴华，林岗．马克思主义政治经济学原理 [M]．北京：中国人民大学出版社，2003：25-34．

和环境科学等学科的影响。在经济学方面,马克思主义强调劳动价值论,认为生态价值是劳动所创造的结果,反映了劳动与自然资源的关系。①古典政治经济学家则关注土地和资源的生产性,将生态价值视为生产资源的一部分。边际效用理论从效用的角度解释生态价值,认为生态系统的服务能够带来消费者的满足和福利。②这些理论视角从不同的角度解读了生态价值的内涵和意义。

生态价值的重要性在于它反映了人类与自然环境之间的关系,以及自然环境对人类社会经济发展的影响。随着人类活动的不断发展,对生态系统的破坏日益严重,生态价值的认识和研究变得尤为重要。

首先,生态价值的研究为我们提供了更全面、深入地了解自然环境的意义和作用,有助于保护和管理生态系统,维护生态平衡,保障生物多样性。其次,对生态价值的定义和研究有助于厘清人类活动与生态环境之间的关系,指导人类更加科学地利用和开发自然资源,实现可持续发展。在生态学领域,生态价值的研究可以帮助我们更好地理解生态系统的结构、功能和稳定性,为生态系统保护和恢复提供理论基础。而在经济学领域,生态价值的认识对于制定环境保护政策、评估生态环境影响、推动绿色发展等方面具有重要意义。因此,定义生态价值不仅是对生态环境价值的界定,也是对

---

① 中共中央马克思恩格斯列宁斯大林著作编译局. 马克思恩格斯全集 [M]. 北京:人民出版社,2006:32.

② EATWELL J, MILLGATE M. The Fall and Rise of Keynesian Economics [M]. New York: Oxford University Press, 2011: 55-60.

人类与自然关系的理解和反思，有助于人们更深入地认识生态环境的重要性，并为生态保护和可持续发展提供理论基础，进一步实现保护自然环境，促进经济发展，提升人类社会的整体福祉和可持续性的目的。

二、生态价值的分类

（一）生态系统服务的功能性分类

生态系统服务是自然系统提供的有益于人类和其他生物的服务。这些服务是生态系统为人类生存、发展和享受提供的重要基础。根据其功能，生态系统服务可以分为供给服务、调节服务、文化服务和支持服务。

1. 供给服务

供给服务是生态系统直接为人类提供的物质和服务。这些包括食物、水资源、木材、药用植物等，这些资源是人类日常生活和生产活动中不可或缺的部分。本书主要介绍两种最重要的供给服务：生物生产和水资源供应。

生物生产是生态系统服务的最基本例子，如植物利用太阳能，将二氧化碳（CO_2）等物质转化为有机物（生物量），用作人类的食品、燃料、原料及建筑材料等。生物资源（木材、薪柴、建材、药材、饲料、肉类、鱼贝类、毛皮、水果、树胶、树脂、蜂蜜、纤维、香料等）依赖于一定的生态系统维持生存和发展。自然生态系统提供的产品不仅在历史上重要，至今仍是许多发展中国家乡村居民的生计来源，在乡村经济中起着巨大作用。在许多地区，薪柴和蓄粪是主要的能源，其消费量最高占到总能源消费量的 90%。①

自然生产的多样性高而集约性低，因此其地位在以工业为主导的大市场型经济中逐渐减弱。尽管如此，自然生产的市场经济价值依然不可忽视。全球水产业的就业人员高达 2 亿，其年产值在 100 亿~500 亿美元。在美国最常用的 150 种药物之中，有 118 种药物的成分源于自然生物，其中 74% 为植物，18% 为真菌，5% 为细菌，3% 为脊椎动物。②

水资源供应主要是指淡水资源的供应。自然生态系统在全球、区域、小流域和小生境等不同的空间尺度上调节着物质循环。水是人类生活和工业生产的基本资源，淡水资源的供应依赖于降雨和自然生态系统的水循环过程。降雨贮存在集水区、水库、含水岩层及地下水中，通过河系分配淡水，为农业（如灌溉）、工业和生活提供用水。

2. 调节服务

调节服务是指生态系统通过调节自然过程而提供的服务，包括物质循环调节、气候调节、净化环境和防灾减灾等，这类服务在维护生态平衡和促进人类健康方面起着至关重要的作用。

调节服务中的物质循环调节指生态系统通过一系列生物、化学和物理过程来调节和维持物质（如碳、氮、水和其他元素）在环境中的循环。自然生态系统在全球、区域和小流域等不同的空间尺度

---

① 董全. 生态功益：自然生态过程对人类的贡献 [J]. 应用生态学报, 1999, 10 (2)：233-240.
② 毛文永. 生态环境影响评价概论 [M]. 北京：中国环境科学出版社, 1998：22-47.

上调节着物质循环。细菌、藻类和植物通过光合作用产生氧气，使氧气在大气中富集，氧气的浓度决定着氧化过程的发生和强度，而氧化强度决定着许多物质的全球性生物地化循环，氧气浓度的微小变化可以导致生物地化循环的显著变化。另外，自然生态系统对水循环的调节也会直接影响国计民生和人们的日常生产、生活。淡水源于降雨，降雨贮存在集水区、水库、含水岩层及地下水中，通过河系分配淡水，为农业（如灌溉）、工业和生活提供用水。这种调节对于维持生态系统的健康和稳定，以及支持人类和其他生物的生存和发展至关重要。

气候调节是指生态系统通过一系列生物和生态过程，对大气和地表的气候要素进行调节和影响，从而在一定程度上影响地球的气候模式和变化趋势。这些过程包括水循环、热量平衡、大气成分的调节等，通过调节气候要素的分布和变化，影响地球的能量平衡和气候系统的稳定性。自生命出现以来，生态系统演化使大气成分发生了巨大变化，绿色植物通过光合作用吸收二氧化碳，释放氧气，这是地球大气平衡的重要机制。因此气候调节中的最重要因素就是森林。一公顷阔叶林在生长季节，每天能吸收1000公斤二氧化碳，如果世界森林减少一半，大气二氧化碳浓度将成倍增加。[①] 森林是地球生物圈的支柱，其生物量占地球全部植物生物量的90%左右，它也是世界上主要的有效碳储库之一。另外，森林能够防风，植物蒸腾可保持空气的湿度，从而改善局部地区的小气候。森林对有林地

---

① 毛文永．生态环境影响评价概论［M］．北京：中国环境科学出版社，1998：22-47．

区的气温有良好的调节作用，使昼夜温度不致骤升骤降，夏季减轻干热，秋冬减轻霜冻。绿色植物特别是高大林木所具有的防风、增湿、调温等改善气候的功能，对农业生产也起到正向作用。这种调节对于维持气候稳定、减缓气候变化，以及支持生物适应环境至关重要。

调节服务中的进化环境服务是指生态系统通过提供适宜的环境条件，促进生物种群的进化和适应性变化，从而增强生物多样性和生态系统的稳定性。人类生产、生活产生垃圾和废物，正是由于生态系统的分解功能，使人类的各种有机废物得到分解，从整体上保持了清洁、舒适的生活环境。而微生物的分解作用在废物处理中是不可缺的。若没有微生物，降解率将会很低。在废物处理方面，人类社会尚无法通过改进技术来摆脱对微生物的依赖，发达地区亦不例外。污水处理厂的设计思想就是努力使"分解"这项生态系统服务达到最大化，即使工艺设备再复杂，最后阶段的处理还是要在生态系统（如河流、湖泊、海洋、湿地等）中完成。另外，生态系统中的绿色植物对保持空气清洁和净化大气污染物具有独特作用，包括抑尘滞尘、吸收有毒气体、杀菌、减少噪声、释放有益健康的空气负离子等。这种服务影响着生物的遗传变异、自然选择和适应性演化，对生物种群的生存和繁衍产生深远影响。

调节服务中的防灾减灾服务是指生态系统通过其特定的功能和结构，减轻自然灾害对人类社会和生态系统造成的影响，包括降低洪涝、风灾、干旱、滑坡、火灾等自然灾害发生的概率，提高社会和生态系统对自然灾害的抵抗能力和适应能力。首先，生态系统的防灾减灾功能包括对自然生态系统具有强大的蓄水保水功能,在各类生态系统中,森林的这种功能最强。在有林地区,日降雨量 30mm 无出水;日降雨量 55mm～100mm,3 天后才见细水流出。年降雨量 1200mm 时,有林地区的水分消失量仅 50mm,而同样环境条件的无林地区可达 600mm。植被破坏后,蓄水功能降低,河流常出现暴涨暴跌现象。此外,森林覆盖还可减少地面蒸发,林地土壤比无林地土壤可减少蒸发达 20%～30%,增加土壤含水率 1%～4%。生态系统对降水的蓄存作用在较大的区域内则表现为缓解旱涝等极端水情,减轻旱涝灾害。其次,生态系统防风固沙、防止土地沙漠化的功能主要是由地面植物体现的。一条疏透结构的防风林带,其防风范围在迎风面可达林带高度的 3 倍～5 倍,背风面可达林带高度的 25 倍。在这段范围,风速可降低 40%～50%。[1] 除高大林木的阻挡作用,植被的根系均能固沙紧土、改良土壤结构,从而可大大削弱风的携沙能力,逐渐把流沙变为固定沙丘。植被的凋落物为土壤带来有机质,可增加更多植物生存的可能性。植被截留有限的降水,增加土壤水分,对于形成固沙植被起着推动作用。最后,据估计,每年有 25%～50% 的农作物生产损失于有害生物。[2] 在自然生态系统中,这些有害生物受到天敌的控制,包括捕食者、寄生者和致病因子,如鸟类、蝙蝠、蜘蛛、寄生蜂、寄生蝇、真菌、病毒等。自然系统的多种生态过程维持供养了这些天敌,限制了潜在有害生物的数量,

---

[1] 毛文永. 生态环境影响评价概论 [M]. 北京:中国环境科学出版社,1998:22-47.
[2] 董全. 生态功益:自然生态过程对人类的贡献 [J]. 应用生态学报,1999,10 (2):233-240.

保障和提高了农业生产的稳定性，保证了食物生产供应和农业经济收入。

3. 文化服务

文化服务是生态系统提供的非物质精神和文化收益，包括美学价值、休闲娱乐、精神和宗教价值、教育和科研等。

生态系统多样性所造成的美丽景观和提供的美学欣赏、娱乐、旅游、野趣条件，以及生物多样性对人类智慧的启迪、提供科学研究对象等，对现代人类社会来说，具有重要价值。而且随着社会的发展，这种功能的价值与日俱增。现代人类聚居的城市是一个以人为主体构成的生态系统。对于现代人来说，自然生态环境是一种精神生活的调节剂。生态系统服务提供的科学价值，给予人类智慧启迪，是人类文明发展的促动因素。

4. 支持服务

支持服务是维持生态系统自身运行和提供其他服务的基础过程，包括土壤形成与保持、生物多样性的维持、传粉播种等。

土壤的形成与保持服务是指生态系统中的各种生物、物理和化学过程，通过有机质的分解、植物根系的生长、土壤侵蚀的抑制等方式，促进土壤的形成、保护和维持，从而维护土壤的肥力、结构和生物多样性，保障农业生产和生态系统的健康稳定。土壤是植被建立的基础，是一种几近不可再生的资源，因为自然界每生成1厘米厚的土壤层需要百年以上的时间。生态系统对土壤的保护主要由植物承担。高大植物的冠盖拦截雨水，削弱雨水对土壤的直接溅蚀力；地被植物阻截径流和蓄积水分，使水分下渗而减少径流冲刷；

植物根系具有机械固土作用，根系分泌的有机物胶结土壤，使其坚固而耐受冲刷。①

近年来无土农业的发展为研究土壤的价值提供了参照，反衬出土壤经济价值和生态价值的重要性。与自然土壤相比，无土系统的养分浓度、酸碱度、温度、盐分和光线的自调节能力，以及抗病虫害的能力要差得多，小小的操作失误将大大影响无土农业的收获。这些原因使无土农业至今仍规模有限，世界农业依然依赖于土壤。②土壤的形成与保持服务对于农业生产和生态系统的健康具有重要意义，其可以保障农业生产、维护生态系统健康、防止土壤侵蚀和促进可持续土地利用。

生物多样性形成了一种"超结构"（infrastructure），不仅使生态系统服务的提供成为可能，而且也是人类开发新的食品、药品和品种的基因库。生物多样性还提供了一种缓冲和保险，可使生态系统受灾后的损失减少或限制在一定范围。生物多样性是维持生态系统稳定性的基本条件。从人类的生存与发展考虑，生物多样性是地球生命支持系统的核心和物质基础。由生物多样性产生的人类文化多样性，具有巨大的社会价值，是人类文明中重要的组成部分。

大部分有花植物需要动物来协助完成交配繁殖过程。动物（主要是野生动物）为农田、院落、草场、菜园和森林的植物传粉，保证了这些植物的传宗接代。参与授粉的动物在10万种以上，包括鸟

---

① 毛文永. 生态环境影响评价概论［M］. 北京：中国环境科学出版社，1998：22-47.
② 董全. 生态功益：自然生态过程对人类的贡献［J］. 应用生态学报，1999，10（2）：233-240.

类、昆虫和蝙蝠等。约70%的农作物需要动物授粉。有些种类的植物还需要动物传播和散布种子。如北美的白皮松（pinus albicaulis）依赖于星鸦（nucifraga columbiana）把种子从松果中嗑出来，然后埋到别处。没有这种过程，白皮松的松子保留在松果里，落到母树旁的土地上，繁殖成功率极低。①

综上所述，生态系统服务的功能分类为供给服务、调节服务、文化服务和支持服务，各自提供了人类生存与发展的必需品、调节自然过程、提供精神和文化价值，以及支持生态系统自身运行的基础。理解和保护这些服务对于可持续发展和人类福祉至关重要。

5. 案例分析——承德市各区县间的森林生态系统服务价值

生态系统服务价值的确定建立在基础当量之上，它指单位面积生态系统服务价值的基础当量，用于表征各个生态系统类型提供服务的年均价值量。② 利用承德社会经济数据，将粮食作物的生产播种情况代入网络密度、网络关联度、网络等级度和网络效率的公式进行计算，可得2005年、2010年、2015年及2020年等年份的标准价值当量，为增强研究期内各个年份森林生态系统服务价值的可比性，本书取4年价值当量的平均值进行评估。最终可得承德市1个标准当量的经济价值为2468元/hm^2。结合基础的当量因子表，可得承德市森林生态系统单位面积服务价值指数，如表1.1所示。

---

① 董全. 生态功益：自然生态过程对人类的贡献 [J]. 应用生态学报, 1999, 10 (2)：233-240.

② 谢高地, 张彩霞, 张雷明. 基于单位面积价值当量因子的生态系统服务价值化方法改进 [J]. 自然资源学报, 2015, 30 (8)：1243-1254.

<<< 第一章 生态系统、生态价值、生态价值增值的含义、经济学意义

表1.1 承德市森林生态系统单位面积生态系统服务价值系数

单位：元/hm²

分类	供给服务			调节服务				支持服务			文化服务
二级分类	水资源供给	原料生产	食物生产	气候调节	水文调节	净化环境	气体调节	生物多样性	维持养分循环	土壤保持	美学景观
针叶林	666.4	1283.4	543.0	12512.8	8243.1	3677.3	4195.6	4640.0	394.9	5084.1	2023.8
阔叶林	839.1	1628.9	715.7	16042.0	11698.3	4763.2	5355.6	5947.9	493.6	6540.2	2616.1
灌木	543.0	1061.2	468.9	10439.6	8267.8	3159.1	3479.9	3874.8	320.8	4245.0	1702.9

由单位面积生态系统服务价值系数可以看出，承德市各类森林生态系统中，以针叶林及阔叶林价值系数最高，这可能是由于这两类森林生态系统中物质循环速度快，能量交换高，气候条件较好，以至于植物第一净生产力较高，对价值系数产生了较大影响。从承德市森林生态系统分类来看，价值系数最高的是调节服务，这也证实了森林生态系统在气体调节、气候调节、水文调节及净化环境等服务方面被严重低估的生态价值，其中气候调节价值、水文调节价值最高。

支持服务价值系数仅次于调节服务，它以土壤保持、维持养分循环及生物多样性三种形式为森林生态系统的有序运行提供保障，也以各种直接或间接的方式为人类提供各种惠益。

森林生态系统的供给服务价值系数在四个服务中位列第三，供给服务主要是以各种直接的方式为人类提供生态产品，如各种食物、原料，以及水资源等，由其价值系数排序可知，森林生态系统给人

类提供的直接的产品虽然蕴含巨大价值，但是调节服务、支持服务产生的价值远远高于当前从森林中获取的产品，其价值亟待以各种创新的路径进行实现。

当前文化服务虽然价值系数不高，但是它也是森林生态系统中非常重要的一环，且随着生态建设的逐步推进，森林生态系统的美学景观价值也进一步凸显，是未来绿色生态林业发展的重点方向。

为了研究承德市生态系统服务价值时空变化，首先计算出时空调节因子，具体公式：

$$P_i = B_{ij} / \overline{B} \tag{1-1}$$

$$R_i = W_{ij} / \overline{W} \tag{1-2}$$

$$S_i = E_{ij} / \overline{E} \tag{1-3}$$

上式中 B_{ij} 为该类生态系统第 j 年植被净初级生产力（NPP）及水土保持量，W_{ij} 为该地区第 j 年的单位面积平均降水量，$\overline{B}$ 为全国该类生态系统年均 NPP 值，$\overline{W}$ 为全国年均降水量，$\overline{E}$ 为全国单位面积平均水土保持量。

利用 Arcgis 对土地利用数据、NPP 数据、土壤保持数据及降雨量数据进行提取处理，可得承德市时空调节因子，如表 1.2 所示。

表 1.2 2005—2020 年承德市时空调节因子

年份/年	NPP 时空调节因子			土壤时空调节因子			降水时空调节因子
	阔叶林	针叶林	灌木	阔叶林	针叶林	灌木	
2005	0.7323	0.7157	0.7175	0.3441	0.2344	0.2265	0.7308

第一章 生态系统、生态价值、生态价值增值的含义、经济学意义

续表

年份/年	NPP时空调节因子			土壤时空调节因子			降水时空调节因子
	阔叶林	针叶林	灌木	阔叶林	针叶林	灌木	
2010	0.6799	0.9205	0.6601	0.2631	0.2088	0.1962	0.8257
2015	0.7650	0.7297	0.7158	0.3070	0.2181	0.2143	0.7341
2020	0.7637	0.7288	0.7328	0.3567	0.2939	0.2375	0.6991

通过该方法对森林生态系统服务价值进行综合修正，承德市2005年—2020年各地区森林生态系统服务总价值，如表1.3所示。

表1.3 2005—2020年承德市森林生态系统服务价值

单位：万元

地区	2005年	2010年	2015年	2020年
平泉市	560090.30	503917.67	461688.97	596097.28
双桥区	16176.73	18159.77	22367.39	24116.14
双滦区	35154.12	39093.60	47709.51	51068.51
营子区	36462.84	40503.45	50002.00	53807.94
承德县	738434.71	694734.07	813180.57	917467.22
兴隆县	1104896.85	721946.21	719300.80	747088.04
滦平县	500142.31	444724.64	350634.94	376227.84
隆化县	1167892.93	1815705.80	1455785.33	1162513.21
丰宁县	816047.08	706087.39	775994.31	1080844.40
宽城县	616687.81	529694.02	307500.24	456805.17
围场县	28056.74	40937.94	43404.01	98515.80
总计	5620042.41	5555504.56	5047568.07	5564551.55

（二）生态系统价值的导向性分类

生态环境作为提供物质和服务的客体，为人类的生存、发展和享受提供了基础。人类作为主体，依赖于生态环境获取资源、满足需求，从而实现生活品质提升和社会进步。因此，生态价值不仅体现了生态系统的服务功能，也反映了人类对生态环境的需求与依赖。在此基础上，综合考虑生态环境对人类物质、精神和社会的影响，生态价值可从价值导向的角度分为直接使用价值、间接使用价值和非使用价值。

首先，直接使用价值指生态系统直接为人类提供的物质和服务。这些包括食物、水资源、木材、药用植物等。这些资源是人类日常生活和生产活动中不可或缺的部分。例如，农业生产依赖肥沃的土壤和充足的水源，渔业依赖健康的水体生态系统提供丰富的鱼类资源，医药行业依赖多样的植物资源开发新药。直接使用价值可以通过市场交易直接体现其经济价值，因此容易被量化和评估。[1]

其次，间接使用价值指生态系统对人类健康、文化、经济等方面的间接影响。[2] 这类价值虽然不直接产生物质产品，但通过调节自然过程和维持生态平衡，间接地支持和增强了人类福祉。例如，森林通过光合作用吸收二氧化碳，释放氧气，从而调节气候，减少温室类型。湿地系统通过过滤和净化水体，保护水源地，保障饮用水的安全。城市绿地和自然公园提供休闲和娱乐空间，有助于提升居

---

[1] 毛文永. 生态环境影响评价概论 [M]. 北京：中国环境科学出版社, 1998: 22-47.
[2] 欧阳志云, 王如松. 生态系统服务功能、生态价值与可持续发展 [J]. 世界科技研究与发展, 2000, 22 (5): 45-50.

民的心理健康程度和生活质量。此外，健康的生态系统通过防止土壤侵蚀和洪水灾害，保护农田和基础设施，间接地支持经济活动的可持续发展。

最后，非使用价值指那些不依赖实际利用而存在的价值。这包括存在价值、遗产价值和选择价值。存在价值是指对某一物种或生态系统存在的认可和保护意愿，无论其是否对人类有直接利用价值。例如，人们可能会为了保护濒危物种而捐款，出于对生物多样性的尊重和保护生态平衡的责任感。遗产价值是指为后代保存自然资源和环境的价值，这种价值体现了代际公平和责任。保护现有的自然环境和物种资源，为后人提供一个健康、可持续发展的地球，是人类应尽的责任和义务。选择价值是指未来可能使用某一资源或服务的潜在价值。随着科学技术的发展，许多现今未被利用的资源在未来可能会发挥重要作用。因此，保护这些资源具有重要的战略意义。

综上所述，生态价值的价值导向分类从多个层面揭示了生态环境对人类社会的重要性。这种分类方法不仅有助于全面理解生态系统的多重功能和效益，也为环境保护和资源管理提供了科学依据。

通过认识和评估生态价值，人类可以更好地规划和实施可持续发展战略，确保生态环境在未来仍能持续为人类和地球上的所有生物提供支持和服务。

三、生态价值的特点

生态系统是地球上生命赖以生存和繁衍的基础，其价值涉及多种层面和维度。理解和保护生态价值，对于实现人与自然的和谐共生至关重要。本书将详细阐述生态价值的多样性、非市场性、公共性、不可替代性、时空性、系统性和可持续性的特点。

（一）生态价值的多样性

生态价值的多样性体现在生态系统提供的广泛服务和功能上。生态系统的服务包括但不限于物质生产、调节服务、文化服务和支持服务。物质生产包括食物、药物、纤维等直接资源。调节服务如气候调节、水净化和土壤保持。文化服务涉及美学价值、娱乐价值和精神价值。支持服务则包括养分循环和土壤形成等。

例如，亚马孙雨林不仅提供木材和药用植物，还对全球气候调节有重要作用，通过碳吸收和氧气释放，维持地球大气的平衡。此外，雨林中丰富的生物多样性为科学研究和教育提供了宝贵的资源。不同类型的生态系统，如森林、湿地、草原和海洋，各自拥有独特的生态价值，进一步体现了生态价值的多样性。①

（二）生态价值的非市场性

生态价值的非市场性是指许多生态服务的价值不能通过市场交易直接体现出来。比如，空气和水的净化、气候调节，以及生态系统的美学和精神价值。这些服务往往没有明确的市场价格，但对人类福祉至关重要。②

---

① 张志强，徐中民，程国栋. 生态系统服务与自然资本价值评估 [J]. 生态学报，2001, 21 (11)：1918-1926.
② 樊辉，赵敏娟. 自然资源非市场价值评估的选择实验法：原理及应用分析 [J]. 资源科学, 2013, 35 (7)：1347-1354.

<<< 第一章　生态系统、生态价值、生态价值增值的含义、经济学意义

例如，城市绿地和自然公园提供的美学和精神享受难以用金钱衡量。绿地不仅美化环境，改善空气质量，还为居民提供了休闲和社交的场所。这些无形的价值通常被忽视，但其对提升生活质量和公共健康具有不可替代的重要作用。

（三）生态价值的公共性

生态价值的公共性体现了生态系统服务的共享性和非排他性。公共产品理论指出，生态系统服务如空气净化、水源保护和气候调节，具有公共产品的特性，每个人都可以受益，而不可能通过市场机制进行有效的排他性消费。

例如，森林和湿地的水源涵养功能对于下游地区的水资源保障至关重要。上游森林的保护不仅有利于当地生态环境，也为下游居民提供了清洁水源。这种公共性使生态系统服务的保护需要全社会的共同努力，而不能仅依赖市场力量。

（四）生态价值的不可替代性

许多生态系统和生物种群具有不可替代性，一旦破坏或消失，难以通过人为手段完全恢复或替代。[1] 例如，珊瑚礁生态系统不仅是丰富的生物多样性栖息地，还对沿海防护和渔业资源有重要贡献。珊瑚礁一旦遭到破坏，重建过程漫长且复杂，往往需要数十年甚至数百年时间。

另一个例子是热带雨林。热带雨林的植物和动物多样性极高，

---

[1] 肖寒，欧阳志云，赵景柱，等. 森林生态系统服务功能及其生态经济价值评估初探：以海南岛尖峰岭热带森林为例 [J]. 应用生态学，2000，11（4）：481-484.

其中许多物种具有潜在的药用价值。然而，热带雨林的破坏速度远超其恢复速度，一旦被砍伐，难以恢复其原始状态和功能。

（五）生态价值的时空性

生态价值具有时空上的差异性，不同区域和时间点上的生态系统价值可能会有所不同，并且其影响可能跨越很长时间和广阔空间。[①] 例如，湿地在不同季节表现出不同的生态功能。春季的湿地可能主要起到蓄洪和水鸟栖息的作用，而夏季则更多地提供生物多样性的支持。

时间维度上看，气候变化对生态系统的影响具有长期性。例如，冰川融化不仅影响当前的水资源供应，还会对未来几代人产生深远影响。气候变化导致的极端天气事件频发，对农业生产和生态系统的长期稳定性构成威胁。

（六）生态价值的系统性

生态价值的系统性是指生态系统作为一个整体，其价值依赖于系统内部各种生物和非生物要素的相互作用。[②] 例如，森林生态系统的健康取决于树木、土壤、微生物和动物之间的复杂关系。森林不仅提供木材，还通过光合作用吸收二氧化碳，调节气候，保持土壤肥力。

湿地生态系统通过水生植物和微生物的作用，能够有效过滤污

[①] 肖寒，欧阳志云，赵景柱，等. 森林生态系统服务功能及其生态经济价值评估初探：以海南岛尖峰岭热带森林为例 [J]. 应用生态学，2000，11（4）：481-484.

[②] 欧阳志云，王如松. 生态系统服务功能、生态价值与可持续发展 [J]. 世界科技研究与发展，2000，22（5）：45-50.

染物，净化水体。此外，湿地为多种鸟类和水生生物提供了重要的栖息地，其系统性功能对生态环境的整体健康至关重要。

（七）生态价值的可持续性

生态价值强调生态系统的可持续利用，保持生态系统的健康和功能是实现长期生态价值的重要前提。可持续性意味着在利用生态系统服务的同时，必须保证生态系统的再生能力和长期健康。例如，渔业资源的可持续管理要求控制捕捞量，保护鱼类繁殖区，以避免过度捕捞导致鱼类资源枯竭。

可持续农业通过保护土壤健康、减少化学农药和化肥的使用，维护生态系统的平衡和农田的长期生产力。同样，森林管理也需要平衡木材生产与森林保护，通过可持续的采伐和再造林措施，确保森林生态系统的持续健康。

生态价值的多样性、非市场性、公共性、不可替代性、时空性、系统性和可持续性特点，体现了生态系统的重要性和复杂性。保护和维护生态系统的健康，对于实现可持续发展和提升人类福祉至关重要。理解和重视这些特点，有助于制定科学合理的生态保护政策，推动全社会共同努力，建设人与自然和谐共生的美好未来。

第三节　生态价值增值的含义

生态价值增值是指通过特定的管理、保护、恢复和利用措施，提高生态系统服务和功能的价值。它不仅涉及生态系统本身的物理、化学和生物特性的改善，还包括人类社会对这些改进的认知、利用和管理，从而实现生态、经济和社会效益的综合提升。本书将从定义和表现形式两个方面详细探讨生态价值增值的含义。

一、定义

生态价值增值（ecological value-added）是一种通过生态系统管理、保护和利用措施，提升其提供的生态服务和功能价值的过程。这一过程不仅关注生态系统的自然状态，还强调人类活动对生态系统的积极影响，旨在实现生态、经济和社会效益的最大化。[①] 具体来说，生态价值增值包括以下关键方面。

生态系统服务功能的提升：通过植被恢复、污染治理、水资源管理等措施，增强生态系统的服务功能，如碳汇能力、水源涵养能力和生物多样性。

经济价值的增加：通过可持续利用和开发生态资源，如生态旅游、绿色农业和林业，实现经济价值的提升。

社会效益的提高：通过改善生态环境，提高居民生活质量，增强社会对生态保护的意识和参与度。

例如，在湿地保护中，通过恢复湿地植被、改善水质和保护野生动物栖息地，不仅可以提升湿地的生态功能，还可以通过发展生

---

① 王如松. 生态系统服务的价值及其在环境管理中的应用 [J]. 生态学报，2003，23 (5)：839-845.

态旅游和休闲活动，增加当地经济收入，同时提高公众的生态保护意识。①

二、表现形式

生态价值增值的表现形式多种多样，涵盖生态、经济和社会各方面，以下是几种主要的表现形式。

（一）生态系统恢复和保护

生态系统恢复和保护是生态价值增值的重要途径。通过植树造林和自然恢复，可以显著提高森林的碳汇能力、水源涵养能力和生物多样性。例如，三北防护林工程通过大规模植树造林，不仅改善了生态环境，还提升了区域的生态价值。同样，湿地生态系统的保护通过恢复湿地植被、改善水质和保护野生动物栖息地，也能显著提升湿地的生态服务功能。黄河三角洲湿地保护区是一个典型案例，通过一系列的生态恢复和管理措施，显著提升了湿地的生态服务价值。②

（二）可持续利用和经济增值

生态价值增值还体现在可持续利用和经济增值方面。发展生态旅游是实现这一目标的有效途径。例如，九寨沟风景区通过保护自然景观和生态环境，吸引了大量游客，从而带动了当地经济的发展。此外，通过推广有机农业、生态农业和可持续林业，可以实现农业

---

① 王薇，陈为峰，李其光，等．黄河三角洲湿地生态系统健康评价指标体系［J］．水资源保护，2012，28（1）：13-16.
② 王薇，陈为峰，李其光，等．黄河三角洲湿地生态系统健康评价指标体系［J］．水资源保护，2012，28（1）：13-16.

和林业的生态价值增值。

（三）社会效益提升

生态价值增值同样体现在社会效益的提升上。开展环境教育和社区参与活动可以提高公众的生态保护意识。例如，北京市在公园和自然保护区内开展的环保教育活动显著提高了市民的环境意识和参与度。通过改善生态环境，也能显著提升居民的生活质量。城市绿地和公园的建设不仅美化了城市环境，还为居民提供了休闲和娱乐的场所，从而提升了生活质量。

第四节　生态价值增值的经济学解释、意义及价值增值问题提出

生态价值增值是一个多维度的概念，涵盖了生态、经济和社会等方面。随着全球环境问题的日益严重，生态价值增值在实现可持续发展中的重要性愈发凸显。然而，生态价值增值不仅仅是一个环境科学问题，更是一个需要经济学深度介入的问题。本章将从经济学的视角，探讨生态价值增值的定义、意义及其实现过程中面临的问题。

一、生态价值增值的经济学解释

生态价值增值是指通过对生态系统进行恢复、保护和合理利用，

使其提供的生态服务功能和经济效益得到提升的过程。经济学解释主要从以下方面进行。

第一，生态系统服务价值，生态系统服务是指生态系统直接或间接为人类福祉提供的利益。根据《千年生态系统评估》（*Millennium Ecosystem Assessment*，MA）报告，生态系统服务分为四类：供给服务（如粮食和水）、调节服务（如气候调节和病虫害控制）、文化服务（如精神和休闲益处）和支持服务（如养分循环和土壤形成）。这些服务具有巨大的经济价值，但在传统市场中往往被低估或忽视。

第二，外部性和市场失灵，生态系统服务的许多效益具有公共品性质，即具有非排他性和非竞争性。这导致了市场失灵，因为市场机制难以有效配置这些资源。外部性是指某些经济活动对第三方产生的影响未通过市场交易反映出来。生态保护和恢复活动可以减少负外部性（如污染）或增加正外部性（如碳汇功能），从而实现生态价值的增值。

第三，生态补偿机制，生态补偿是实现生态价值增值的重要经济手段。它通过对生态系统服务提供者进行补偿，激励其进行生态保护和恢复活动。补偿机制可以是直接支付（如政府补贴）或市场化手段（如碳交易和生态税收）。通过生态补偿，生态服务的提供者能够获得合理的经济回报，促进生态价值的实现和增值。

第四，生态系统的非市场价值评估，非市场价值评估方法包括条件估值法、旅行成本法和享乐价格法等。这些方法通过评估生态系统服务的经济价值，为政策制定提供科学依据。例如，条件估值法通过问卷调查，评估公众对生态服务的支付意愿，反映了生态系统的非市场价值。[①]

实际上，生态系统服务从经济学理论来看，不同的服务可视为生产过程的一种额外的投入因素，它生产产出存在生产函数关系，假设生产产出由土地、劳动力、资本和生态系统服务的数量共同决定。我们可以用一个简单的生产函数表示：

$$Q = f(L, K, C, P) \qquad (1-4)$$

式中，Q 是生产产出，L 是劳动，K 是资本，C 是土地，P 是生态系统服务的数量。因此，通过经济理论中的生产函数关系就可以评估生态系统服务的价值[②]，并测算生态服务增值价值的大小。生态系统服务大多数情况下提供了一种正外部性服务，即它们的服务为企业提供了额外的利益，而这种利益并不一定直接体现在产品市场价格中。如果用供需变化图来反映，更容易直观地理解生态系统服务如何影响生产的供给曲线，并影响生产产出，如图1.1所示。

由图1.1可以看出，一般来说，消费者对企业产品的需求不受生态系统服务数量变化的影响，需求曲线 D 保持不变。由于生态系统服务增加了企业生产的产量，使得供给量在每个价格水平下都增加了，因此供给曲线 S_1 向右移动，变为供给曲线 S_2。由于供给曲线移动，企业生产的供需均衡点也发生变化，由原均衡点 E_1 变为新的

[①] 樊辉，赵敏娟. 自然资源非市场价值评估的选择实验法：原理及应用分析 [J]. 资源科学，2013，35（7）：1347-1354.

[②] 邵立民. 绿色农业与资源环境的经济学分析 [J]. 黑龙江社会科学，2011（6）：62-65.

<<< 第一章 生态系统、生态价值、生态价值增值的含义、经济学意义

均衡点 E_2。新均衡点 E_2 表明,在更高的产量水平 Q_2 下,产品的价格 P_2 可能会略微下降或保持原均衡价格 P_1 不变(主要取决于产品的需求弹性)。因此,示意图 1.1 比较直观地解释了生态系统服务如何影响企业产品生产的供给,进而影响生产的产出和市场对生态系统服务引起产量增加的反应,也比较直观地解释了生态系统服务价值评估及其增值价值评估的方法机理。

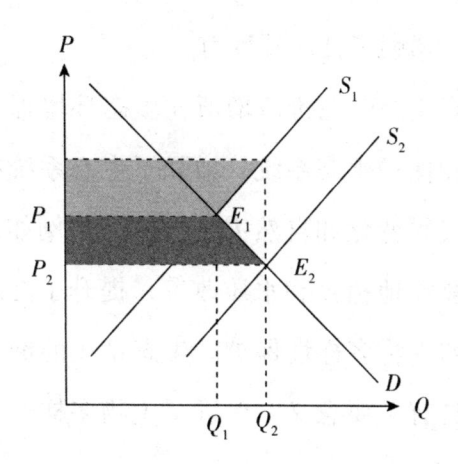

图 1.1 生态系统服务影响企业生产供给曲线图

二、生态价值增值的意义

生态价值增值具有重要的经济、社会和环境意义。

首先,经济意义。生态价值增值通过提升生态系统服务功能,为经济发展提供了新的动力和增长点。生态旅游、绿色农业和可持续林业等产业的发展不仅促进了区域经济增长,也创造了大量就业机会。例如,九寨沟风景区通过发展生态旅游,实现了生态和经济的双赢。研究表明,生态旅游的经济效益显著,其带动的相关产业

链也为地方经济发展注入了活力。

其次，社会意义。生态价值增值有助于提高社会福祉和生活质量。改善生态环境，提高居民健康水平，增加休闲娱乐机会，提升社会整体幸福感。例如，城市绿地和公园的建设不仅美化了城市环境，还为居民提供了健康和休闲的场所，促进了社会和谐。进一步来说，通过环境教育和公众参与活动，生态价值增值也提高了公众的生态保护意识，增强了社区凝聚力。

最后，环境意义。生态价值增值在生态环境保护中发挥着关键作用。通过恢复和保护生态系统，增强了生态系统的稳定性和适应性，提高了应对气候变化和自然灾害的能力。例如，黄河三角洲湿地保护区通过恢复湿地植被和水质改善，提升了湿地的生态服务功能，如水源涵养和生物多样性保护。生态系统的健康与稳定对全球环境的可持续性具有重要意义，促进了生物多样性的保护和生态平衡的维持。

三、生态价值增值的问题提出

尽管生态价值增值具有显著的经济、社会和环境意义，但在实际操作中仍面临诸多挑战和问题。

首先，当前的生态补偿机制在许多方面尚不完善。补偿标准和方式的设定缺乏科学依据，导致生态服务提供者的积极性不足。此外，补偿资金来源单一，主要依赖政府财政，难以形成长期稳定的补偿机制。市场化补偿手段（如碳交易）在实际操作中也存在着制度设计和执行力不足的问题。

其次,生态系统服务的多样性和复杂性使其经济价值的评估具有很大难度。非市场价值评估方法虽有一定理论基础,但在实际操作中,数据获取和模型构建均存在挑战。此外,公众支付意愿的调查结果容易受到问卷设计和样本选择的影响,评估结果的可靠性和准确性难以保证。

再次,生态价值增值涉及多个利益相关者,包括政府、企业、社区和公众。各利益相关者的目标和利益诉求不尽相同,协调难度大。例如,企业关注经济效益,社区和公众关注生活质量,而政府则需要平衡经济发展与环境保护之间的关系。利益冲突和合作机制的缺失,导致生态价值增值在实施过程中常常面临阻力。

最后,实现生态价值增值需要高水平的技术支持和管理能力。生态系统恢复和保护技术的研发和应用需投入大量资金和人力资源,但当前许多地区的技术水平和管理能力相对滞后。生态环境的复杂性和不确定性增加了管理的难度,要求管理者具备较高的专业素质和综合协调能力。

生态价值增值是实现可持续发展的重要途径。通过科学的生态系统服务价值评估、完善的生态补偿机制和有效的利益相关者协调,可以实现生态系统的保护和恢复,提升生态、经济和社会效益。[①] 然而,当前在实际操作中,生态价值增值仍面临诸多挑战,需要通过政策支持、技术创新和管理优化,逐步解决这些问题,推动生态价

---

① 杜万平. 完善西部区域生态补偿机制的建议 [J]. 中国人口·资源与环境, 2001, 11 (3): 119-120.

值增值的实现。未来的研究应更加注重跨学科合作，从生态学、经济学和社会学等维度深入探讨生态价值增值的机制和路径，为政策制定和实践提供科学依据和指导。

第二章

生态价值开发的沿革、国际实践与路径优化

生态价值开发是生态价值增值的关键一环，当前，全球各地进行了大量生态价值开发的实践探索，并形成了一系列可借鉴、可复制、可推广的现实路径。本章通过梳理生态价值开发的沿革，借鉴国际生态价值开发的成功经验，从政府、市场，以及政府与市场相结合三个角度出发，提出我国生态价值开发的优化路径。

第一节 生态价值开发的沿革

一、生态价值开发的起源

生态价值是指生态系统为人类提供的各种直接或间接的利益，这些利益包括供给食物、水源、气候调节、疾病控制、休闲和文化服务等。它不仅仅是生物多样性或自然美景，还包括了生态系

统对人类社会经济活动的支撑作用。生态价值的大小反映了生态系统服务对人类福祉的贡献程度，这包括但不限于物质资源的生产、环境质量的维护，以及文化和精神层面的满足。在经济学中，生态价值还涉及如何评估和实现这些服务的经济价值，例如，通过市场交易、补偿机制或公共政策来实现生态保护和可持续利用。① 20世纪70年代，罗伯特·科斯坦扎（Robert Costanza）等人首次尝试量化生态系统服务的价值。详细讨论了如何评估全球生态系统服务的经济价值，并提出了一套评估框架和方法论。这项研究对后续的生态价值评价和政策制定产生了深远影响，为生态服务的货币化提供了理论基础和实践指导。②"生态产品"概念的提出，不仅是我国生态文明理念的变革体现，更为高水平的"两山"转化路径提供了物质载体。

"两山"理论中，"绿水青山"代表着优质的生态环境质量与生态产品服务，是经济和社会可持续发展的源泉，为人类生存与发展提供基础与保障。③ 在2005年，习近平同志在《浙江日报》上发表了《绿水青山也是金山银山》一文。在文中他强调："如果能够把这些生态环境优势转化为生态农业、生态工业、生态旅游等生态经济的优势，那么绿水青山也就变成了金山银山。绿水青山可带来金

---

① 张颖，杨桂红. 生态价值评价和生态产品价值实现的经济理论、方法探析 [J]. 生态经济，2021, 37 (12): 152-157.
② COSTANZA R, DARGE R, GROOT R B, et al. The Value of the World's Ecosystem Services and Natural Capital [J]. Ecological Economics, 1997, 15 (1): 1-5.
③ 秦昌波，苏洁琼，王倩，等. "绿水青山就是金山银山"理论实践政策机制研究 [J]. 环境科学研究，2018, 31 (6): 985-990.

山银山，但金山银山却买不到绿水青山。绿水青山与金山银山既会产生矛盾，又可辩证统一。"① 2006 年，习近平同志在浙江省生态文明建设实践基础上进一步完善了"两山"理论，明确提出"绿水青山就是金山银山"，指出实践中辩证认识两座山关系经历的三个阶段：第一个阶段是用绿水青山去换金山银山，不考虑或者很少考虑环境的承载能力，一味索取资源。第二个阶段是既要金山银山，但是也要保住绿水青山，这时候经济发展和资源匮乏、环境恶化之间的矛盾凸显出来，人们意识到环境是我们生存发展的根本，要留得青山在，才能有柴烧。第三个阶段是认识到绿水青山可以源源不断地带来金山银山，绿水青山本身就是金山银山，我们种的常青树就是摇钱树，生态优势变成经济优势，形成了一种浑然一体、和谐统一的关系。由此，作为一种"地方性知识"的"两山"理论基本形成，不仅对于进一步推进浙江省生态建设具有指导性意义，同时对于推进中国生态文明建设具有重要的参考价值。生态产品价值开发是使生态产品功能价值转化为交换价值的过程，即生态产品价值实现是践行"绿水青山就是金山银山"的关键路径。

二、生态价值开发的发展变化

分析不同时期研究对象所发表的论文数量可洞察这一领域的关注重点和发展方向。10 多年来该领域中外文期刊总体呈递增趋势，

---

① 百年瞬间丨习近平首次提出"绿水青山就是金山银山"[EB/OL]. 国际在线，2021-08-15.

表明各项研究工作是在前期摸索的基础上展开，进而不断延伸。根据政策的时代背景进行梳理，可将生态产品价值开发研究的发展进程分为3个阶段：萌芽起步阶段（2014年以前），针对"生态产品"概念的提出，中外累计相关发文量有1644篇；努力探索阶段（2014—2019年），这一时期中外文期刊的发文量虽波动下降，但文献数量总体是在逐步上升，2019年中文期刊相关文献数达至625篇，该年环比增长率约为25%；全面推进阶段（2020年至今），发文量显著上升，这一阶段中文期刊的相关文献量，达到每年700篇。[①] 此分析结果表明该领域的研究逐步得到关注和重视。

第二节 生态价值开发的国际实践

一、生态价值开发的国外实践

生态价值开发的国外实践涉及许多国家和地区，他们在生态系统服务评估、市场机制建立、政策制定和实施等方面有着丰富的经验，以下是一些国外的实践。

[①] 陶德凯，杨韩，夏季. 中外生态产品价值实现研究进展与热点透视：基于Cite Space知识图谱分析［J］. 农业与技术，2023，43（21）：96-102.

(一) 欧盟的生态系统服务评估

欧盟的生态系统服务评估是其环境总署（European Environment Agency，EEA）开展的一项广泛工作，旨在识别和量化欧洲各地的生态系统服务。[①] 这些服务包括提供清洁空气和水、调节气候、支持生物多样性、提供食物和原材料等。通过这一评估，欧盟能够更好地理解生态系统对环境和人类福祉的贡献，并据此制定相应的环境政策。

此外，欧盟的生态系统服务评估还促进了生态系统服务的市场化。这意味着生态系统服务的价值被纳入经济决策，例如，通过支付生态系统服务（payment for ecosystem services，PES）项目为保护和恢复关键自然区域提供资金。这种市场化机制不仅有助于保护环境，还能为当地社区带来经济收益，实现可持续发展。

(二) 澳大利亚的国家公园系统

澳大利亚政府通过国家公园系统保护和管理重要的自然景观和生态系统，同时开展生态旅游活动，为当地社区带来经济收益。[②] 澳大利亚的国家公园系统是该国环境保护和自然资源管理的重要组成部分。该系统包括多个国家公园、自然保护区和野生动物保护区，涵盖了澳大利亚多样的生态系统和独特的野生动植物。澳大利亚国

[①] 曹雅蓉，吴隽宇. 欧盟生态系统及其服务制图与评估（MAES）行动的经验与启示 [C] //中国风景园林学会. 中国风景园林学会2022年会论文集. 广州：华南理工大学建筑学院风景园林系，亚热带建筑科学国家重点实验室，广州市景观建筑重点实验室，华南理工大学建筑学院，2023：11.

[②] 李新婷，魏钰，张丛林，等. 国家公园如何平衡生态保护与社区发展：国际经验与中国探索 [J]. 国家公园（中英文），2023，1（1）：44-52.

家公园系统强调可持续发展的理念,平衡环境保护与人类活动的需求。例如,通过限制游客数量、推广低碳交通方式(如徒步或骑行)和减少垃圾产生等措施,来降低对环境的影响。同时,定期对国家公园内的生态系统和访客活动进行监测和评估,以评估管理效果并及时调整策略。这种持续的监测有助于确保国家公园系统的目标实现,并对未来的挑战做好准备。

(三)美国的生态系统服务计划

美国的生态系统服务计划是一项创新的市场化机制,旨在通过经济激励措施保护和恢复关键的自然区域。这些计划通常由政府或私人资助者提供资金,以补偿那些保护环境或改善环境质量的个人、社区和企业。

在美国,多个州和地方政府实施了各自的 PES 计划。例如,罗德岛州的罗德岛湿地补偿项目是其中的一个典型例子。[①] 该项目通过向那些保护或恢复湿地的个人或实体提供经济补偿,鼓励了更多湿地的保护工作,同时也为当地社区带来了经济利益。这种支付不仅仅是直接的环境保护行为,还包括对生态系统服务的间接贡献,如水质净化、洪水控制和生物多样性维护等。通过这种方式,PES 计划不仅有助于维持生态系统的健康和功能,还能促进经济发展,同时提高公民环保意识和参与度。它为解决环境问题提供了一种可持续和经济可行的方法,并在全球范围内被广泛视为成功案例。

(四)德国的绿色能源转型

德国政府通过立法和政策支持绿色能源转型,如"能源转型"

---

① 辛帅.论生态补偿制度的二元性[J].江西社会科学,2020,40(2):204-212.

(Energiewende）计划，旨在 2030 年之前将可再生能源的比例提高到80%以上。[①] 德国政府推行了一系列政策，支持可再生能源和能效提升项目，这些项目不仅减少了温室气体排放，也创造了新的生态服务，如清洁水源和空气质量改善。德国是世界上最大的风能市场。例如，德国的 Enercon 公司和 Siemens Gamesa 等企业在全球风电领域具有重要地位。德国政府通过补贴和税收优惠支持风能发展，并建立了许多大型风电站。德国在太阳能领域也取得了显著进展。政府推出了各种激励措施，鼓励家庭和企业安装太阳能光伏板。此外，德国还建立了许多世界上最大的太阳能园区，如位于下萨克森州的Schorfheide 太阳能公园。

（五）加拿大的气候变化适应策略

加拿大政府通过气候适应计划支持各种生态项目，包括湿地恢复、森林管理和城市绿地建设，以提高社会对气候变化的抵抗力。加拿大政府投资湿地恢复项目，因为湿地能够提供洪水调节、水质净化和生物多样性保护等生态服务。例如，通过加拿大湿地恢复计划，政府提供资金支持，与地方社区、非政府组织和私营部门合作，共同开展湿地恢复项目。[②] 例如，在不列颠哥伦比亚省，政府与当地社区合作，恢复了大片退化的湿地，并建立了监测和管理体系以确保其长期健康。此外，定期评估湿地恢复项目的效果，确保它们达

[①] 曹亮. 低碳经济、欧盟可再生能源转型与俄罗斯能源出口 [D]. 上海：华东师范大学，2024.
[②] 林金兰，刘昕明，陈圆. 国外湿地生态恢复规划的经验总结及借鉴 [J]. 化学工程与装备，2015（10）：256-260.

到预期的环境和社会目标,并根据需要进行调整。这种持续的监测和评估有助于确保项目的可持续性和适应性。

(六) 其他实践

除上述实践外,还包括以下典型实践。新西兰的绿色证书交易:新西兰实施了绿色证书交易系统,鼓励农民减少碳排放,并将节省下来的碳信用转换为可交易的证书。挪威的生态补偿制度:挪威政府通过生态补偿制度对个人和企业提供补贴,以鼓励他们参与生态保护活动,如植树造林和水体净化项目。巴西的亚马孙雨林保护:巴西政府和非政府组织合作,实施了一系列保护亚马孙雨林的项目,如禁止非法伐木和促进可持续土地管理。日本的绿色基础设施项目:日本政府推动了绿色基础设施项目,如城市绿化、雨水花园和屋顶绿化,这些项目不仅提高了城市的生态质量,也为市民提供了休闲空间。

这些实践展示了不同国家和地区如何利用市场机制、政策工具和社会参与来开发和管理生态价值。通过这些方法,许多国家成功地实现了环境保护与经济发展的双赢。

二、生态价值开发的国内实践

(一) 年度文献数量统计

本书检索来源为中国知网(CNKI)数据库,检索时间为2023年11月,所得近20年中外文献总量为1356篇,其中中文文献有1327篇(期刊有1011篇),外文文献有29篇,检索得到1039篇期刊类文献。为了保证数据的准确性,对检索结果进行手动筛选,剔除序言、新闻等非学术类论文以及与本书研究主题不相符的文献，最终得到 1011 篇有效文献。将有效文献以 Refworks 格式导出，并通过 CiteSpace 软件进行分析。

文献发表的数量在一定程度上可以反映生态产品价值实现有关研究的发展速度以及发展进程。依据数据样本绘制 2000—2024 年生态产品价值开发和实现研究的文献发表数量统计图，可知，有关生态产品价值实现研究的文献数量主要从 2017 年开始，出现逐年增多的趋势。2017 年，党的十九大报告中指出，"也要提供更多优质生态产品以满足人民日益增长的优美生态环境需要"，还指出"坚持人与自然和谐共生。建设生态文明是中华民族永续发展的千年大计。必须树立和践行绿水青山就是金山银山的理念"。[①] 2017—2019 年，相关领域的机构和学者对其的关注度以及研究贡献不够高，文献数量处于较低水平。2020 年至今，相关研究成果不断增多，社会各界的关注度也明显提高，该领域文献的发表数量呈现迅速增长的趋势。

（二）机构合作网络

通过机构共现分析，能够了解到目前哪些机构在关注和研究生态产品价值实现相关话题。由于外文文献占比较少，采用中文文献作为主要研究对象。在实验时从近 10 年的相关文献中，综合被引用次数、相关度等信息选择的 300 篇文献，对机构发文次数和合作进行分析。机构合作网络图谱中节点代表不同的机构，机构发文越多，

[①] 习近平. 决胜全面建成小康社会 夺取新时代中国特色社会主义伟大胜利：在中国共产党第十九次全国代表大会上的报告 [EB/OL]. 中华人民共和国中央人民政府网，2017-10-27.

其半径和字体越大，若机构间进行合作，则节点间存在连线。

国家级科研院所和部分高校是生态产品价值实现研究领域的发文主力，尤其是中国自然资源经济研究院和国务院发展研究中心。中国社会科学院的研究所与研究中心、中国林业科学研究院，以及含有生态环境等专业的农林类院校是这些机构中在生态价值领域发文量最多的。这些机构的研究涉及实践研究、模式研究、瓶颈，以及相关的政策建议。① 除政府机构以外的高校及研究所的参与说明有更多领域的研究者关注该领域，生态产品价值实现研究的下一步发展应该会有更多学者参与进来，他们的研究与政府机构的研究综合起来，可以明晰生态产品的价值构成，也为构建多样化的生态产品价值实现方式提供了理论指导。

（三）关键词聚类图分析

为剖析生态产品价值实现的研究现状，完善、创新生态产品价值的实现机制，本书通过文献计量工具 CiteSpace，对所选择的 300 篇生态产品价值实现的研究论文的关键词时区图、聚类图进行了可视化分析，梳理了生态产品价值实现的发展脉络、研究内容和前沿，并对未来生态产品价值实现的研究方向进行了展望。

结果显示，价值实现、生态补偿、机制、路径、生态产业、乡村振兴等关键词出现频次最多。从高频关键词出现的年份来看，市场机制、外部性、乡村振兴、价值评价、生态产业、林业碳汇、"两

---

① 张二进. 回顾与展望：我国生态产品价值实现研究综述 [J]. 中国国土资源经济，2023，36（4）：51-58，81.

山论"等关键词首次出现时间较晚,是近年来生态产品价值开发领域研究的热点问题。

（四）关键词时区图分析

运用 CiteSpace 工具绘制生态产品价值开发研究论文的关键词时区图,用于分析生态产品价值实现的研究热点在时间轴上的演变趋势,其中节点大小表示关键词出现的频次、连线表示关键词之间相互影响的关系,节点外圈呈现"紫色"说明该关键词的中介中心性大于0.1,视为知识图谱的关键节点。此外,关键词时区图中生态产品价值实现的相关研究首次出现的年份是2018年左右,而通过阅读文献和查阅资料,生态产品价值实现的提出应用早于该年份,可以说明生态产品价值实现研究发文具有一定的滞后性。[①]

通过分析近10年生态产品价值实现研究领域关键词时间线图谱,可以得出这10年大致可以分为三个阶段。早期的研究内容主要围绕生态产品的概念、生态产品价值实现理念等理论性方面。比如,2016年之前,时区图中主要有生态产品、市场化、区域等关键词。中期的研究内容主要围绕生态补偿、试点探索等初步实践方面。又如,2017—2020年,时区图中主要有外部性、生态价值、生态补偿、丽水市、创新路径等关键词。近几年的研究内容主要围绕实现路径、机制设计、多样化建设等加快全面推进生态产品价值实现方面。再如,2020年之后时区图中主要有实践模式、乡村振兴等关键词。进

---

① 王玉,毛春梅,孙长如. 基于 Cite Space 的生态产品价值实现研究的演化路径与趋势［J］.水利经济,2023,41（5）:49-54,90-99.

一步分析时区图，可知我国近年来的生态产品价值开发和实现相关研究发展迅速，该领域的全面推进发展有非常好的趋势。

第三节　生态价值开发及价值形成的路径优化

一、生态价值开发的重要性

生态价值开发是指通过科学的方法和手段，挖掘和利用生态系统的各种功能和资源，以满足人类社会的需求，同时保持生态系统的健康和稳定。生态价值开发的重要性主要体现在以下方面。

促进经济可持续发展：生态价值开发能够推动绿色产业的发展，促进经济结构的优化和升级，实现经济的可持续发展。

保护生态环境：通过合理的生态价值开发，可以减少对自然资源的过度消耗和破坏，保护生态系统的完整性和稳定性。

提升人类福祉：生态价值开发能够提供更多的生态产品和服务，满足人民日益增长的美好生活需要，提升人类福祉。

二、生态价值形成的路径优化

为了实现生态价值的最大化，需要优化生态价值形成的路径。

（一）政府路径优化

首先，要完善生态补偿机制，确保生态资源的保护和利用达到最佳平衡。我们需要扩大生态补偿的范围，使其能够覆盖更多对生态系统服务有贡献的领域，同时确保补偿的公平性和效率性。① 此外，创新生态补偿方式也至关重要，我们可以采用绿色金融、生态保险等手段，以吸引更多社会资本参与生态补偿，实现资金来源的多元化和稳定性。同时，加强生态补偿的监管也是不可或缺的一环，我们需要建立健全的监管体系，确保补偿资金能够真正用于生态保护和环境治理，防止资金浪费和滥用。

其次，在生态修复及价值提升方面，我们需要精准识别生态修复的重点区域和领域，根据生态系统的实际情况制订科学的修复方案。同时，引入社会资本参与生态修复是一个有效的途径，可以形成政府引导、市场运作的修复模式，提高修复工作的效率和质量。

最后，我们还需要结合国土空间规划，优化生态产业布局，通过发展生态农业、生态旅游等产业，提升生态产品的附加值，从而实现生态资源的可持续利用和经济社会的绿色发展。

(二) 市场路径优化

为了进一步优化市场路径在生态产品价值实现中的作用，我们需要积极推动生态产业化和产业生态化，以实现经济与环境的双赢。

在推动生态产业化方面，我们将鼓励企业充分利用丰富的生态资源，发展生态农业、生态旅游等绿色产业。这将有助于提升产业的附加值，并创造更多的就业机会。同时，我们还将支持绿色技术

---

① 樊轶侠，王正早．"双碳"目标下生态产品价值实现机理及路径优化 [J]．甘肃社会科学，2022 (4)：184-193．

创新，推动传统产业的升级改造，使其更加符合生态环保的要求。此外，加强品牌建设也是至关重要的，我们将引导企业提升生态产品的品质和服务，提高市场竞争力，使生态产品成为市场上的热门选择。

在促进产业生态化方面，我们将大力推广循环经济和绿色生产方式，降低产业对环境的负面影响。通过鼓励企业采用清洁能源和环保技术，我们将提高资源利用效率，减少能源消耗和污染排放。[①]同时，加强产业间协作也是关键，我们将推动形成绿色产业链和产业集群，通过上下游产业的协同配合，实现资源的循环利用和环境的共同保护。

（三）政府与市场相结合路径优化

首先，我们必须明确政府和市场在生态产品开发中的各自定位和作用。政府应当扮演引导和监管的角色，制定相关政策和法规，为市场提供公平、透明、高效的交易环境。同时，市场应当发挥其在资源配置中的决定性作用，鼓励企业和社会资本积极参与生态产品的开发和交易。

其次，在市场化开发利用方面，我们需要建立一个完善的生态产品交易市场，确保交易的公平性和效率性。[②]通过鼓励企业和社会资本的参与，我们可以推动生态产品的多样化开发和交易，满足市

---

① 许文立，孙磊. 市场激励型环境规制与能源消费结构转型：来自中国碳排放权交易试点的经验证据[J]. 数量经济技术经济研究，2023，40（7）：133-155.
② 张凯. 全国统一市场下多元主体水权交易：框架设计与机制构建[J]. 价格理论与实践，2023（9）：187-192.

场需求。

再次，资本化路径也是实现生态产品价值提升的重要途径。我们应当探索生态资源资产化、资本化的有效模式，支持企业发行绿色债券、绿色股票等金融工具，为生态产业发展提供资金支持。同时，加强生态资产评估和监管，确保生态资产的安全和增值，是保障生态资源可持续利用的关键。

最后，在生态资源指标及产权交易方面，我们需要建立完善的生态资源指标体系和产权交易制度。通过明确生态资源的产权归属和交易规则，我们可以鼓励企业通过购买、租赁等方式获取生态资源使用权，促进资源的合理配置和高效利用。同时，加强生态资源产权交易的监管和执法力度，保障交易的公平性和生态安全，是确保市场健康发展的必要手段。

优化以上路径，可以有效推动我国生态产品价值的实现和提升，促进生态保护和经济社会可持续发展的双赢。

第三章

生态价值溢出：理论框架与未来研究趋势

　　生态系统不仅能够满足人类基本生存需求，为人类带来直接的经济价值，还能为人类社会提供间接性、非货币化的利益，这就是生态价值溢出效应。理解和利用生态产品价值溢出，对于最大化实现生态产品价值增长，促进可持续发展具有重要作用。因此，本章深入剖析生态价值形成与价值溢出的关系，详细阐述生态价值溢出的理论机理，并结合承德市森林生态系统服务价值溢出效应案例进行分析，为促进生态产品价值增值提供理论依据。

第一节　生态价值形成与价值溢出

　　英国生态学家坦斯利（Tansley）在1935年首先提出了"生态系统"（ecosystem）的概念，它是指一定空间内生物和非生物成分通过物质循环和能量流动的相互作用、相互依存而构成的一个生态学功能单位。人类开始关注生态系统对整个社会的贡献与作用，此后越越来越多的学者开始对生态系统产生的价值进行深入探究。

从经济学说发展来看，不同流派对于生态价值的论述各有不同。从生产关系角度来看，劳动创造了价值，如古典政治经济学家威廉·配第（William Petty）、亚当·斯密（Adam Smith）、大卫·李嘉图（David Ricardo）等人的研究。配第在《赋税论》中，首次提出了"自然价格""自然价值""政治价格""实际的市场价格"等术语，其中，"自然价值"指价值。他认为，自然价格就是用货币表示的自然价值，即商品的价值，是由生产它所耗费的劳动量决定的，并开始用劳动时间来测量商品价值量。配第最先提出了劳动价值论的一些根本命题，第一次有意识地把商品价值的源泉归于劳动，奠定了科学的劳动价值论的基础。但他只是提出了关于价值范畴最初形态的概念，相关范畴和不同概念之间仍存在混淆。例如，价值和交换价值的区分，交换价值与价格的区分，创造价值的劳动和创造使用价值的劳动等。[①] 斯密在其所著的《国民财富的性质和原因的研究》（简称《国富论》）中，对劳动价值论做了更加深入的微观分析，进一步发展了劳动价值论。他明确区分了使用价值和交换价值的概念，并确认劳动决定商品的价值，认为劳动是衡量一切商品交换价值的真实尺度。但他同时又提出了三种收入价值论，其本质为生产费用论，脱离了劳动价值论的体系，他认为商品的价值不由耗费的劳动决定，而是由能购买到的或能支配的劳动决定，并且"工资、利润和地租，是一切收入和一切可交换价值的三个根本源

[①] 李尚远. 威廉·配第《赋税论》中的税收思想研究 [J]. 企业导报, 2015 (9): 159-160.

泉"。这种错误的观点一度被后来的很多主流经济学家奉为圭臬,故被马克思称为"斯密教条"。李嘉图在1817年发表的《政治经济学及赋税原理》中,发展了劳动价值论的科学体系。首先,他接受了斯密关于使用价值和交换价值的区分,但批评了他同时用耗费劳动和购买劳动说明决定价值,并批评了三种收入决定价值的观点;其次,他在劳动决定商品价值的基础上,分析了劳动量与商品价值量间的关系,区分了直接劳动与间接劳动;最后,他认为商品的价值是由生产商品所耗费的劳动量决定的。从效用价值论角度来看,价值并非商品内在的客观属性,而是人们对物品的效用的主观心理评价,人类以主观心理感受解释商品价值的本质、源泉及尺度。效用,即物品满足人们某种欲望的能力,是价值的源泉,也是形成价值的一个必要条件。同时,价值的形成还要以物品的稀缺性为前提,因为物品只有在对满足人们欲望来说是稀缺的时候,才构成人的福利所不可缺少的条件,从而引起人的评价,表现为价值。对生态而言,这可以理解为生态环境提供的资源和服务(如清新的空气、洁净的水源、多样的生物群落等)能够满足人类对于生存和发展的需要,这些资源和服务对人类来说具有直接的效用价值。除物品本身的效用外,人对物品效用的主观心理评价也是决定价值的重要因素。在生态价值中,这表现为人类对于生态环境的认识、态度,以及对其价值的评价,随着人们对生态环境保护意识的提高,生态环境的价值也逐渐被更多人所认识和重视。

生态系统服务是生态系统提供给人类直接或间接的利益,源于生态系统及其组成部分支持人类维持生命的环境条件及过程。生态系统服务价值是生态系统服务功能价值外部化中重要的工具性指标，用于科学地进行定量化的价值评估，对于提升人类福祉、探寻区域生态问题、制定科学的生态保护政策等具有重要的参考价值。价值溢出是指生态系统在满足人类基本需求的基础上，通过其功能和服务的发挥，对人类社会产生的额外价值。这种价值溢出主要表现在经济增长、社会福祉和生态安全的溢出效应。经济增长的溢出效应反映为生态系统为人类提供了丰富的自然资源和环境资源，这些资源的合理利用和开发可以促进区域经济的增长。同时，生态系统的保护和恢复也可以提高区域环境质量，吸引更多的投资和人才，进一步推动经济发展。社会福祉的溢出效应体现为生态系统为人类提供了优美的自然环境和舒适的生活空间，提高了人们的生活质量和幸福感。同时，生态系统的保护和恢复也可以增强人们对自然的认识和敬畏之心，促进人与自然和谐共生。生态安全的溢出效应表现在生态系统具有维护区域生态安全和稳定的作用。通过保护和恢复生态系统，可以减少自然灾害的发生和损失，保障人民生命财产安全。同时，生态系统的稳定性和完整性也有助于维护全球生态安全和气候稳定。

第二节 生态价值溢出的理论框架

一、生态价值溢出的概念

生态环境是提供人类物质和服务需要的客体，人类是从生态环境中获取生存、发展和享受所需要物质资料和服务的主体。[①] 从价值的关系范畴来看，价值产生于主客体的相互作用与活动中，主客体的价值也是相互依存的。马克思提出"价值"这一概念只适用于人类的社会生活中，不适用于非人或与人无关的自然界，因此"生态价值"这一概念是针对"人类"这一主体而言的。

生态资源不是孤立存在的，且由于其外部性特点，除对所在地区的社会经济产生影响外，也会发生效应外溢，使周边地区受益。地理环境的相似性、政策引导的溢出性和生产创新的互补性等往往会呈现出明显的区域关联效应。因而在进行生态价值衡量时，也需要考虑其生态价值的溢出。

生态价值溢出指生态系统所提供的价值超过直接经济利用范围，从而给人类社会带来的间接、非货币化的利益。[②] 这些利益通常难以

[①] 张颖，杨桂红. 生态价值评价和生态产品价值实现的经济理论、方法探析 [J]. 生态经济，2021，37（12）：152-157.

[②] 周逸帆. 综合效益视角下湿地公园价值溢出及其影响因素研究：以太湖国家湿地公园为例 [D]. 苏州：苏州科技大学，2021.

通过传统的市场交换机制进行衡量，但它们对人类社会的持续发展和生活质量具有至关重要的影响。以往研究者对生态价值溢出的研究主要集中在生态系统服务的评估上。生态系统服务是指人类从生态系统中获得的各种惠益，包括食物、水、空气、气候调节、灾害缓解等。然而，随着研究的深入，人们逐渐认识到生态系统所提供的服务远不止这些直接的经济价值，还包括许多间接的、非货币化的价值，这些间接的、非货币化的价值即生态价值溢出。从自然价值角度来看，生态系统作为地球上最大的生命支持系统，其自然价值体现在为生物提供生存空间和资源，维持生物多样性等方面。生态价值溢出表现为生态系统在保持其稳定性和完整性的同时，为人类提供了更多的自然资源和生态服务。从功能价值角度来看，生态系统具有多种功能，如调节气候、净化空气和水源、保持水土等。这些功能对维护地球生态平衡和人类生存具有重要意义。生态价值溢出体现在生态系统在发挥这些功能时，为人类提供了额外的生态效益，如减少自然灾害损失、提高人类生活质量等。从经济价值角度来看，生态价值溢出在经济领域表现为生态系统为人类提供的直接和间接经济效益。直接经济效益包括生态旅游、生态农业等产业带来的收入，间接经济效益则体现在生态系统为人类提供的资源和服务，如水资源、气候调节等，这些资源和服务对人类经济活动具有重要影响。从文化价值角度来看，生态系统还具有丰富的文化价值，如自然景观、生物多样性等。这些文化价值对人类的精神生活和审美需求具有重要意义。生态价值溢出在文化领域表现为生态系统为人类提供了更多的文化资源和精神享受，如促进人类与自然和谐共处、增强人类的文化自信等。

二、生态价值溢出的度量

（一）生态价值溢出度量方法

价值溢出指一个经济主体对其他经济主体产生的外部性影响①，主要运用成本—收益法进行测算②。有学者在经济学规范的理论和方法指引下，考虑生产成本的节约和剩余价值的增加，从基于成本和基于收益这两方面对生态价值进行评估。

基于成本的生态价值评价方法的整体思想理论，旨在通过量化和分析生态系统服务或资源提供过程中所涉及的成本投入，来间接评估其生态价值。这种方法的核心在于认识到生态系统的功能和服务对人类社会的持续发展具有不可或缺的重要性，同时，这些功能和服务的提供往往伴随着一定的成本投入。从消费视角看，直接成本涵盖了购买生态系统服务和产品的实际开销，如生态旅行中的食品、纪念品及交通、住宿等费用；而间接成本涉及消费者因消费活动而损失的机会成本，即时间价值的体现。因此，通过对这些成本进行量化，我们可以更加清晰地认识到生态系统服务的价值，并为其保护和管理提供科学的依据。

收益方式评价法，其核心在于将生态系统资产在生命周期内的预

---

① 王立龙，陆林. 湿地公园研究体系构建［J］. 生态学报，2011，31（17）：5081-5095.
② PHAM T D, KAIDA N, YOSHINO K, et al. Willingness to Pay for Mangrove Restoration in the Context of Climate Change in the Cat Ba Biosphere Reserve, Vietnam［J］. Ocean & Coastal Management，2018，163（1）：269-277.

期收益，运用合理的折现率转化为评估基准日的现值。个人自由时间的消费不仅促进消费者个体的全面发展，还有助于提高其科学文化、知识水平等综合素质，这种提升使消费者对生态系统的消费、恢复、维护以及生产等方面都能产生积极效果。从消费视角分析，消费者通过增加自由时间的投入，能够提升生态系统的消费能力，从而更充分、更合理地利用生态系统的使用价值，进而提升生态系统的效用。而在生产层面，消费者个人能力的全面发展不仅提高了个体的劳动生产率，还推动了社会劳动生产率的提升，为消费者赢得了更多的自由时间，进而促进了消费者素质的持续提高和全面发展。综上所述，消费时间不仅影响着消费者对生态系统的消费能力和生产率的提升，而且在一定程度上推动了社会生产力的进步与发展。[①] 生态系统服务的消费，本质上是对社会福利的增值，是一种广泛的社会收益。

不同学者对于生态价值评估方法的分类各有不同，具体分类状况如表3.1所示。有学者从市场的角度将生态系统服务价值评估分为直接市场评估法、替代市场评估法和假想市场评估法三大类。其中直接市场评估法包括市场价值法（DMP）、生态服务支出法（PES）、要素所得/生产函数法（FI/PF），替代市场评估法包括机会成本法（OC）、旅行费用法（TC）、影子工程法（SP）、恢复和防护费用法（MC/RC）、享乐价格法（HP），假想市场评估法包括条件价值法等。有的学者将评估方法分为两大类：一类是基于单位服务功能价值的评估方法，又称功能价值法，常用市场价值法、费用代替法、替代工程法等

---

① 卡尔兰，默多克. 认识经济［M］. 贺京同，等译. 北京：机械工业出版社，2018：58-62.

方法对区域生态系统服务价值进行定量化的评估[①]；另一类是基于单位面积价值当量因子的评估方法，也称为当量因子法。

表 3.1 生态价值评估方法表

按市场角度划分	直接市场法评估法	市场价值法（DMP）
		生态服务支出法（PES）
		要素所得/生产函数法（FI/PF）
	替代市场评估法	机会成本法（OC）
		旅行费用法（TC）
		影子工程法（SP）
		恢复和防护费用法（MC/RC）
		享乐价格法（HP）
	假想市场评估法	条件价值法
按主流方法划分	功能价值法	市场价值法
		费用代替法
		替代工程法
	当量因子法	当量因子法

（二）生态价值溢出效应案例分析

1. 承德市森林生态系统服务价值关联网络构建

在探讨多个区域间复杂多变的生态系统服务价值传导溢出机制时，传统手段如莫兰指数与空间计量模型虽有其效用，但不能反映出

[①] 赵同谦，欧阳志云，王效科，等. 中国陆地地表水生态系统服务功能及其生态经济价值评价 [J]. 自然资源学报，2003，18（4）：443-452；王景升，李文华，任青山，等. 西藏森林生态系统服务价值 [J]. 自然资源学报，2007，22（5）：831-841；王兵，鲁绍伟. 中国经济林生态系统服务价值评估 [J]. 应用生态学报，2009，20（2）：417-425.

各个区域间的传导关系。因此,本书引入社会网络分析方法,该方法以其全面性和严谨性著称,能够多维度地描绘并可视化区域间的溢出关系网络,为深入理解空间互动提供了全新的视角。聚焦于承德市,本书以森林生态系统服务价值评估为核心,构建了一个基于11个区县间空间关联性的分析框架。通过整合2005—2020年各区县森林生态系统服务价值数据,结合能代表自然资源禀赋的耕地面积指标、刻画当地人力资本存量的第一产业从业人员指标、反映地区林业发展水平的林业总产值和区县间的实际地理距离等指标,生成引力矩阵,并用引力值之比对其进行修正,运用Ucinet软件构建森林生态系统服务价值溢出关系有向网络。这一过程旨在全面揭示承德市森林生态系统服务价值的空间溢出机制,为区域可持续发展策略的制定提供科学依据。

本书借助Netdraw软件,绘制了承德市在2005年、2010年、2015年及2020年的森林生态系统服务价值关联网络图(见图3.1至图3.4)。在此网络中,"方形"符号被用来抽象表示承德市的各个区县,即网络结构的基本"节点"。节点之间通过"管道"紧密相连,这些连线直观展示了区县间存在的有向性价值溢出关系。观察网络图可以发现,承德市各区县间的森林生态系统服务价值溢出关系错综复杂,彼此交织,体现了高度的相互依赖与影响。每一区县均作为网络中的一个活跃元素,通过一条或多条价值溢出路径与其他区县紧密相连,共同构成了一个动态变化的网络体系。这一体系强调了生态系统要素流动的普遍性与重要性,揭示了任何单一区域都无法孤立存在,其生态系统服务价值的变动均会受到网络中其他区域不同程度的波及与影响。

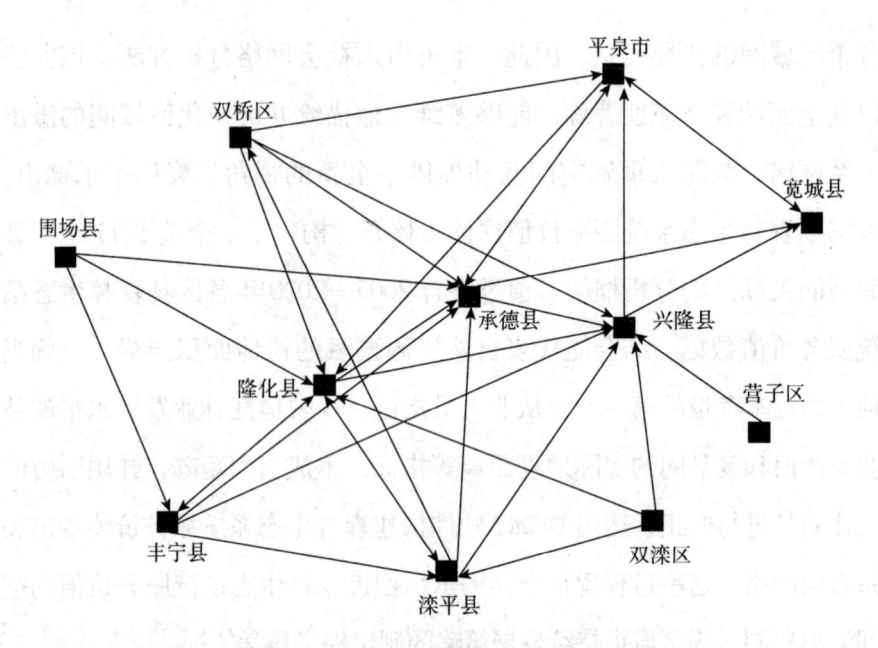

图 3.1　2005 年承德市森林生态系统服务价值关系网络

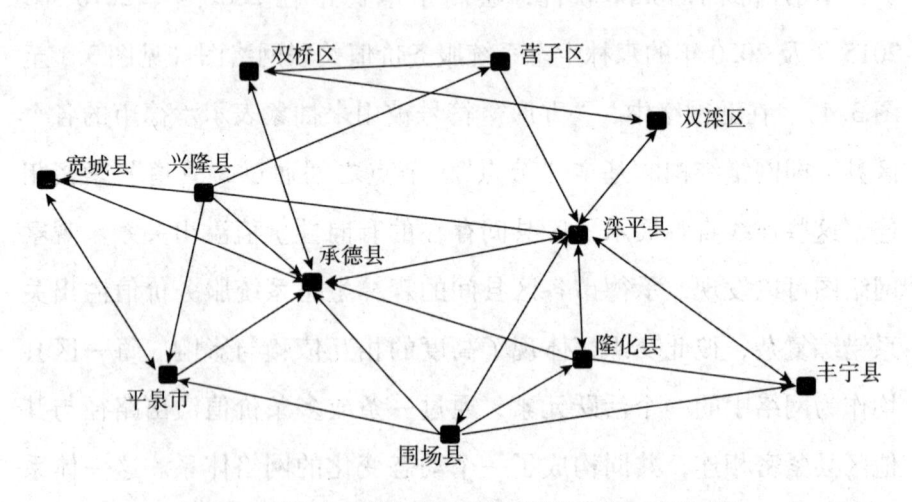

图 3.2　2010 年承德市森林生态系统服务价值关系网络

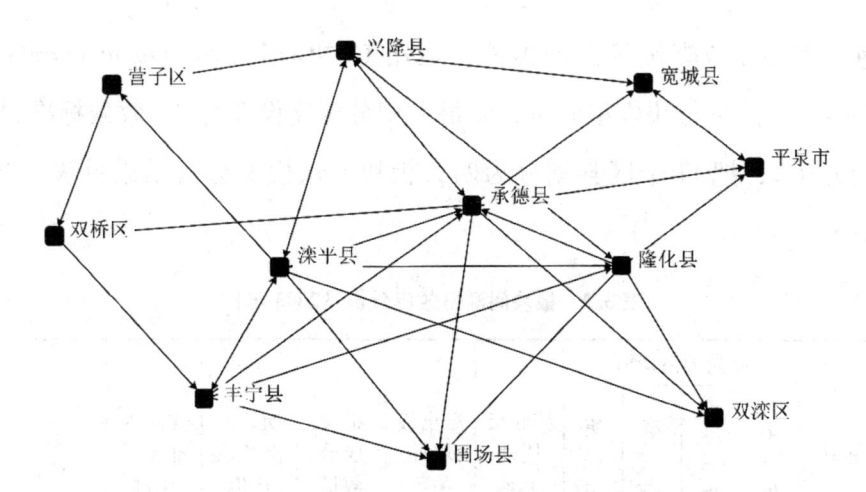

图 3.3　2015 年承德市森林生态系统服务价值关系网络

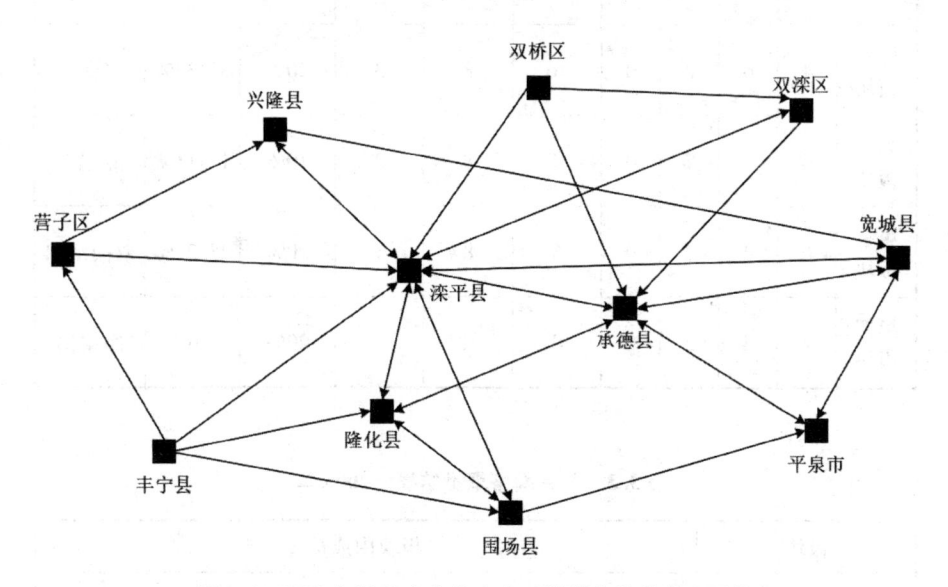

图 3.4　2020 年承德市森林生态系统服务价值关系网络

2. 承德市森林生态系统服务价值空间网络块模型分析

（1）2005 年承德市森林生态系统服务价值空间网络块模型分析

为了明晰各区县在森林生态系统服务价值空间溢出网络中的角

色，本书参考李敬等人的做法，运用 CONCOR（convergent correlations）方法进行块模型分析，将最大切分深度设置为 2，收敛标准设置为 0.2，把 11 个区县划分为四大板块。块模型分析结果见表 3.2 至表 3.4。

表 3.2 板块间溢出效应分析（2005 年）

板块	接受关系矩阵				接收板块外关系	溢出板块外关系	板块成员数量	期望内部关系比例	实际内部关系比例	板块类型
	第一板块	第二板块	第三板块	第四板块						
第一板块	4	6	2	0	16	8	3	20%	33.33%	主受益
第二板块	6	1	2	0	12	8	2	10%	11.11%	经纪人
第三板块	6	2	3	0	6	8	3	20%	27.27%	双向溢出
第四板块	4	4	2	0	0	10	3	20%	0	净溢出

表 3.3 关系网络聚类结果（2005 年）

板块	板块内成员
第一板块	承德县、隆化县、宽城县
第二板块	平泉市、兴隆县
第三板块	丰宁县、围场县、滦平县
第四板块	双滦区、双桥区、营子区

针对2005年森林生态系统服务价值网络进行深入剖析，可划分为四大板块，各具特色与功能。第一板块是"主受益"板块，此板块在溢出与溢入关系上展现出鲜明对比，倾向于作为价值的接收端。与其他三板块间的联系多表现为接收状态，内部区县间的互动及对外辐射作用有限。具体而言，该板块对外溢出价值8次，而内部区县间仅发生4次价值流转，同时从其他板块接收了16次价值溢出，凸显其受益者角色。第二板块是"经纪人"板块，该板块在板块间价值流动中扮演关键角色，外部联系广泛而内部互动相对稀疏。其对外溢出价值同样为8次，但内部区县间仅发生1次价值交换，同时接收了来自其他板块12次的价值输入，展现了其在网络中的桥梁作用。第三板块是"双向溢出"板块，体现了内部与外部价值的双向高频流动。该板块不仅与其他板块保持着积极的溢出关系8次，内部区县间也实现了3次价值流转，同时从外部接收了6次价值输入，体现了其内外兼顾的活跃状态。第四板块是"净溢出"板块，该板块在价值网络中表现为单向输出，对其他三板块贡献价值高达10次，而内部区县间无价值流转，也未接收外部价值输入，完全处于净输出状态，是网络中的价值源泉。这揭示了承德市2005年森林生态系统服务价值网络内各板块的角色定位与互动模式，为理解区域间价值流动提供了深入视角。

如表3.3所示，"主受益"板块主要包括承德县、隆化县、宽城县，"经济人"板块包括平泉市与兴隆县，"双向溢出"板块为丰宁县、围场县和滦平县，"净溢出"板块为双滦区、双桥区和营子区。综合森林生态系统服务价值的评估结果来看，价值总量较高的区域在区域间的溢出网络中占据核心地位，主要扮演价值外溢的角色，显著促进了价值的外部扩散。那些价值量位于第二梯队的区县，则在区域网络中充当了双向交流的桥梁，特别是在模块间联系相对薄弱的情境下，对区域间价值的双向溢出起到了关键作用。进一步观察板块间的外溢与内部关系数据，可以发现外溢关系数量显著超过板块内部关系数，且这一差距较为显著，这反映了网络结构中"抱团"现象并不突出，板块间的交互更为开放与活跃。同时，这也表明外部板块对内部板块具有较强的渗透力与影响力，促进了整个网络体系内价值流动的多样性与广泛性。

由表3.4可知，2005年像矩阵对角线值不全为1，这一结果表明板块内部区县间不存在显著的"空间俱乐部趋同"现象，即它们未能通过内部物质与非物质要素的紧密关联形成共同上涨或下跌的同步趋势。鉴于此，强化承德市各区县间的产业联动显得尤为重要，旨在优化林业产业结构布局，同时深化生态保护政策的区域协同执行力度，以期激发潜在的"俱乐部效应"，进而促进承德市森林生态系统服务价值的最大化利用与生态产品价值的全面实现。

表3.4 各板块密度矩阵和像矩阵（2005年）

板块	密度矩阵				像矩阵			
	第一板块	第二板块	第三板块	第四板块	第一板块	第二板块	第三板块	第四板块
第一板块	0.667	1.000	0.222	0	1	1	0	0
第二板块	1.000	0.500	0.333	0	1	1	0	0
第三板块	0.667	0.333	0.500	0	1	0	1	0
第四板块	0.444	0.667	0.222	0	1	1	0	0

(2) 2010年承德市森林生态系统服务价值空间网络块模型分析

对2010年承德市森林生态系统服务价值网络进行块模型分析，结果见表3.5至表3.7。

表3.5 板块间溢出效应分析（2010年）

板块	接受关系矩阵				接收板块外关系	溢出板块外关系	板块成员数量	期望内部关系比例	实际内部关系比例	板块类型
	第一板块	第二板块	第三板块	第四板块						
第一板块	2	3	2	0	14	5	2	10%	28.57%	主受益
第二板块	4	2	0	1	5	5	2	10%	28.57%	双向溢出
第三板块	4	0	3	1	7	5	3	20%	37.50%	双向溢出
第四板块	6	2	5	1	2	13	4	30%	7.14%	净溢出

表3.6 关系网络聚类结果（2010年）

板块	板块内成员
第一板块	承德县、隆化县
第二板块	平泉市、宽城县
第三板块	丰宁县、围场县、滦平县
第四板块	双滦区、双桥区、营子区、兴隆县

表 3.7 各板块密度矩阵和像矩阵（2010 年）

板块	密度矩阵				像矩阵			
	第一板块	第二板块	第三板块	第四板块	第一板块	第二板块	第三板块	第四板块
第一板块	1.000	0.750	0.333	0	1	1	0	0
第二板块	1.000	1.000	0	0.125	1	1	0	0
第三板块	0.667	0	0.500	0.083	1	0	1	0
第四板块	0.750	0.250	0.417	0.083	1	0	1	0

对 2010 年森林生态系统服务价值网络进行分析，可明确划分四大板块，各具独特属性。第一板块作为"主受益"板块，其外部接收的价值溢出量（14 次）显著高于其对外及对内的价值溢出（分别为 5 次和 2 次内部关系），表明该板块在网络中更多扮演接收者的角色，内部互动相对有限。第二板块展现出"双向溢出"的特性，其内外价值流动均颇为活跃，尤其以溢出为主。该板块既向其他三个板块贡献价值 5 次，内部两区县间也存在价值流转，同时接收来自外部的 5 次价值输入，显示出双向互动的强劲态势。第三板块同样具备"双向溢出"功能，其在接收（7 次）与发送（5 次）价值方面保持均衡，内部成员间的价值溢出也达到 3 次，这一平衡状态巩固了其作为双向流动枢纽的地位。第四板块最为突出的特征是对于其他板块的溢出关系数量，是典型的"净溢出"板块，其对其他三板块的价值输出极为显著，高达 13 次，远超其内部（1 次）及从外部接收（2 次）的价值流动，彰显了其作为价值净输出源的核心地位。

如表 3.6 所示，"主受益"板块主要包括承德县、隆化县，"双向溢出"板块为平泉市、宽城县、丰宁县、围场县、滦平县,"净溢出"板块包括双滦区、双桥区、营子区、兴隆县。从结合森林生态系统服务价值评估结果与中心性分析结果来看,价值量较大、中心性高、对区域控制能力强的区县如承德县在当年并未进行价值溢出,且由于当地居民对生态服务的需求不足,需要接收其他地区的价值溢出,可能由于承德县这样的核心县无法向外传递信息,导致网络结构受到较大影响,缺乏"经纪人"板块。

由表3.7可知,2010年各区县之间同样不存在"空间俱乐部趋同"效应。

(3) 2015年承德市森林生态系统服务价值空间网络块模型分析

对2015年承德市森林生态系统服务价值网络进行块模型分析,结果见表3.8至表3.10。

表3.8 板块间溢出效应分析(2015年)

| 板块 | 接受关系矩阵 | | | | 接收板块外关系 | 溢出板块外关系 | 板块成员数量 | 期望内部关系比例 | 实际内部关系比例 | 板块类型 |
	第一板块	第二板块	第三板块	第四板块						
第一板块	6	12	3	2	8	17	3	20%	26.09%	双向溢出
第二板块	6	1	1	1	13	8	4	30%	11.11%	经纪人
第三板块	2	0	2	0	4	2	2	10%	50.00%	主受益

69

续表

板块	接受关系矩阵				接收板块外关系	溢出板块外关系	板块成员数量	期望内部关系比例	实际内部关系比例	板块类型
	第一板块	第二板块	第三板块	第四板块						
第四板块	0	1	0	1	3	1	2	10%	50.00%	主受益

表 3.9　关系网络聚类结果（2015 年）

板块	板块内成员
第一板块	承德县、隆化县、滦平县
第二板块	双滦区、丰宁县、兴隆县、围场县
第三板块	平泉市、宽城县
第四板块	双桥区、营子区

表 3.10　各板块密度矩阵和像矩阵（2015 年）

板块	密度矩阵				像矩阵			
	第一板块	第二板块	第三板块	第四板块	第一板块	第二板块	第三板块	第四板块
第一板块	1.000	1.000	0.500	0.333	1	1	1	0
第二板块	0.500	0.083	0.125	0.125	1	0	0	0
第三板块	0.333	0	1.000	0	0	0	1	0
第四板块	0	0.125	0	0.500	0	0	0	1

对 2015 年森林生态系统服务价值网络进行分析，第一板块是"双向溢出"板块，该板块不仅内部成员间存在 6 次高频的价值溢出，还向其他板块贡献了 17 次显著的价值输出，远超其接收的 8 次

外部溢出，体现了其在网络中的双重活跃性。第二板块则扮演了"经纪人"角色，其在板块间的价值传递中发挥着关键作用。尽管该板块内部区县间的联系相对薄弱，仅发生 1 次价值流转，但其与外部板块的交互颇为频繁，接收了 13 次外部溢出并贡献了 8 次价值输出，显示了其作为中介桥梁的重要性。反观第三板块，其表现出"主受益"特征。该板块接收到的外部价值溢出（4 次）多于其对外发出的（2 次），且内部成员间的价值溢出也仅为 2 次，表明其在网络中更多作为价值的接收者。第四板块的内部外部关系比例及其与其他板块的溢出结构与第三板块类似，接收外部板块的溢出效应大于向其他板块发出的关系数量，因而第四板块也是"主受益"板块。

如表 3.9 所示，"主受益"板块主要包括平泉市、宽城县、双桥区、营子区，"双向溢出"板块为承德县、隆化县、滦平县。双滦区、丰宁县、兴隆县、围场县为"经纪人"板块。2015 年当年缺少较为明显的主溢出区县，因而森林生态系统服务价值量较大，且中介中心度较高的区域承德县、如隆化县、滦平县在关联网络中除了进行信息的传递，还通过一部分的价值溢出，补偿了森林生态系统服务价值较小的区县。

由表 3.10 可知，2015 年各区县之间同样不存在"空间俱乐部趋同"效应。

④ 2020 年承德市森林生态系统服务价值空间网络块模型分析

对 2020 年承德市森林生态系统服务价值网络进行块模型分析，结果见表 3.11 至表 3.13。

表 3.11　板块间溢出效应分析（2020 年）

板块	接受关系矩阵				接收板块外关系	溢出板块外关系	板块成员数量	期望内部关系比例	实际内部关系比例	板块类型
	第一板块	第二板块	第三板块	第四板块						
第一板块	6	1	1	2	7	4	3	20%	60.0%	主受益
第二板块	4	2	0	4	4	8	3	20%	20.0%	净溢出
第三板块	2	0	6	4	4	6	3	20%	50.0%	双向溢出
第四板块	1	3	3	1	10	7	2	10%	12.5%	经纪人

表 3.12　关系网络聚类结果（2020 年）

板块	板块内成员
第一板块	平泉市、承德县、宽城县
第二板块	兴隆县、双滦区、双桥区
第三板块	丰宁县、隆化县、围场县
第四板块	滦平县、营子区

对 2020 年森林生态系统服务价值网络进行分析，第一板块作为"主受益"板块，与其余三板块的关系以接收为主，内部区县间及对外溢出关系占比较低。具体而言，该板块向其他三板块溢出价值 4 次，内部区县间相互溢出 6 次，而接收外部溢出则达 7 次，凸显其受益角色。第二板块则呈现出典型的"净溢出"特性，其与其他板

块间的价值流动以输出为主，向其他三板块溢出价值8次，远超内部成员间的2次关联及从外部接收的4次溢出，是网络中价值的主要贡献者。第三板块是"双向溢出"板块，其内部与外部的价值交流均十分活跃，且以溢出为主。该板块既向其他三板块输出价值6次，内部区县间也实现了6次价值流转，同时接收外部溢出4次，体现了其内外双向的流动性。第四板块在价值网络中的表现与第三板块有相似之处，但更侧重于接收外部价值。其接收外部板块的溢出效应显著，超过了对外的价值输出，因此被归类为"经纪人"板块。这一板块的内外关系比例及其溢出结构，进一步强化了其在网络中的受益者地位。

如表3.12所示，"主受益"板块主要包括平泉市、承德县、宽城县，"双向溢出"板块为丰宁县、隆化县、围场县。滦平县、营子区为"经纪人"板块。2015年当年缺少较为明显的主溢出区县，因而森林生态系统服务价值量较大，且中介中心度较高的区域如兴隆县、双滦区、双桥区在关联网络中除了进行信息的传递，还通过一部分的价值溢出，补偿了森林生态系统服务价值较小的区县。

表3.13 各板块密度矩阵和像矩阵（2020年）

板块	密度矩阵				像矩阵			
	第一板块	第二板块	第三板块	第四板块	第一板块	第二板块	第三板块	第四板块
第一板块	1.000	0.111	0.111	0.333	1	0	0	0
第二板块	0.444	0.333	0	0.667	1	0	0	1
第三板块	0.222	0	1.000	0.667	0	0	1	1
第四板块	0.167	0.500	0.500	0.500	0	1	1	1

由表 3.13 可知，2020 年各区县之间不存在"空间俱乐部趋同"的效应。

从承德市森林生态系统服务价值空间网络块模型分析发现，大多数年份承德市森林生态系统服务价值的关联网络结构都较为完整，一般而言，影响力较大的区县在整体网络中往往担任主溢出、双向溢出的角色，个别区县可能由于地理位置的影响充当经纪人角色，保障网络的通达性。

三、生态价值溢出的驱动因素

生态价值溢出是生态价值实现的重要途径，其驱动因素包括自然环境因素、生态保护政策、科技创新、社会文化因素和经济发展模式等方面。

自然环境因素在生态价值溢出中扮演着至关重要的角色，它们通过直接或间接的方式影响生态系统的健康、稳定性和服务功能，进而影响生态价值的溢出效应。[1] 自然环境为生态系统提供了基本的生存条件，如土壤、水源、气候等。这些条件决定了生态系统中物种的多样性和丰富度，以及生态系统的生产力。一个健康的自然环境能够提供更多的生态资源，如水资源、食物、原材料等，为生态系统的稳定运转和生态价值的创造提供坚实的基础。自然环境的环境容量和生态承载力是限制生态价值溢出的重要因素。环境容量是

---

[1] 唐坤. 湖泊湿地生态产品价值核算与实现路径研究：以腾冲北海湿地为例 [D]. 昆明：云南财经大学，2024.

指自然环境所能容纳的最大污染负荷或生态压力，而生态承载力则是指自然环境所能支持的最大生物量和生态功能。当人类活动对自然环境造成的压力超过其环境容量或生态承载力时，生态系统的稳定性和服务功能将受到破坏，导致生态价值的减少。

生态保护政策通过法律法规的制定和实施、排污许可制度的建立、环境税收政策的实施、生态补偿机制的建立、推动资源高效利用以及绿色技术创新等方面来影响生态价值的溢出。① 这些政策和措施有助于保护生态系统的健康状态、提高生态系统的服务功能、促进资源的合理利用和循环经济发展等，从而增加生态价值并为社会经济的可持续发展提供有力支持。

科技创新是推动生态价值溢出的重要动力。首先，科技创新为生态保护和修复提供了先进的技术手段。② 例如，遥感技术、地理信息系统（GIS）技术等现代信息技术在生态监测和评估中的应用，大大提高了生态保护的效率和质量。其次，科技创新还推动了绿色产业的发展和壮大。绿色产业以环保、低碳、循环为特点，通过开发和应用新技术、新工艺、新材料等，减少了对环境的污染和破坏，提高了资源利用效率，为生态价值溢出提供了坚实的产业基础。最后，科技创新还促进了生态产品的创新和发展。通过研发新型生态产品，满足人们对绿色、健康、环保产品的需求，推动生态产品市

---

① 迟秀一. 碳排放权交易市场和碳税的协调研究：基于欧盟实践的考察 [D]. 北京：中国财政科学研究院，2023.
② 邱海平，蒋永穆，刘震，等. 把握新质生产力内涵要义 塑造高质量发展新优势：新质生产力研究笔谈 [J]. 经济科学，2024（3）：5-22.

场的繁荣和发展。

社会文化因素对生态价值溢出具有深远的影响。首先，人们的环保意识日益增强，为生态价值溢出提供了良好的社会氛围。随着人们对环境问题的关注和认识不断加深，越来越多的人开始关注生态保护和环境治理，积极参与环保活动，推动形成全民参与、共建共享的环保格局。其次，传统文化和习俗对生态保护也有着重要的影响。一些地区的传统文化和习俗强调人与自然的和谐共生，鼓励尊重自然、保护环境，这些文化观念和行为习惯有助于推动生态价值溢出。最后，教育水平和社会制度的完善也对生态价值溢出产生了积极影响。通过提高教育水平，加强环保教育，可以提高人们的环保意识和能力；通过完善社会制度，加强环保法规的制定和执行，可以为生态价值溢出提供有力的制度保障。

经济发展模式对生态价值溢出具有决定性的影响。传统的经济发展模式往往以牺牲环境为代价，追求速度和规模，导致资源消耗加剧、环境污染严重和生物多样性丧失。为了实现可持续发展，必须推动经济发展方式的转变，从传统的"高投入、高消耗、高污染"模式向"低投入、低消耗、低污染"模式转变。[1] 这种转变要求企业采用先进的生产工艺和技术，提高资源利用效率，减少污染物排放；要求政府加强宏观调控和政策引导，推动产业结构优化升级和绿色产业的发展；要求全社会树立绿色发展理念，形成绿色生活方式和消费模式。通过推动经济发展方式的转变，可以实现经济增长

---

[1] 梁雯雯．生态文明的能源体系研究［D］．呼和浩特：内蒙古大学，2023．

与环境保护的协调发展,促进生态价值溢出。

四、生态价值溢出的管理策略

为激活生态资源存量,释放绿水青山活力,形成生态溢出效应,需要采取各种管理策略。首先,为着力抓准生态优势大创新,迸发生态溢出大效应,需要对生态价值有深入的认识和准确的评估。这要求我们从多个层面和角度去理解生态系统的价值,包括其直接和间接的经济价值、生态服务价值、文化价值等。生态价值不仅仅是资源的经济价值,更包括其作为生命支持系统所提供的多种生态服务。我们需要认识到生态系统的完整性、稳定性和多样性对人类社会的长远影响。同时建立一套全面、科学、可操作的生态价值评估体系,将生态系统的各项功能和服务纳入评估范围,确保评估结果的准确性和可靠性,并将评估结果作为制定管理策略的重要依据,确保管理策略的科学性和有效性。通过定期评估和调整管理策略,确保生态价值的最大化。

其次,由于生态系统保护是生态价值溢出管理的基础和前提,需要采取有效的措施,确保生态系统的稳定性和可持续性。加强生态保护法律法规建设,制定和完善相关法律法规,明确生态保护的责任和义务,加大对违法行为的惩罚力度。建立生态保护红线制度,划定生态保护红线,明确禁止和限制开发建设的区域,确保生态系统的完整性和稳定性。推广生态修复技术,采用先进的生态修复技术,对受损的生态系统进行修复和重建,恢复其生态功能和服务能力。

再次,生态价值转化与利用是生态价值溢出管理的关键环节[1],可以通过有效的转化和利用手段,将生态价值转化为经济价值和社会效益。鼓励和支持生态产业的发展,如生态农业、生态旅游等,通过市场化手段实现生态价值的经济化。推广绿色技术,采用绿色技术和生产方式,提高资源利用效率,减少环境污染,实现生态价值的可持续利用。通过生态补偿机制,对生态保护者进行经济补偿,激发其参与生态保护的积极性,同时推动生态价值的公平分配。

最后,公众参与和意识提升是生态价值溢出管理的重要保障,需要通过有效的宣传和教育手段,提高公众对生态价值的认识和参与度。通过学校、媒体等渠道,普及生态知识和环保理念,提高公众的环保意识和行动能力。建立公众参与机制,鼓励公众参与生态保护和管理,形成全社会共同关注和支持生态保护的氛围,并加强社会监督力度,对违法违规行为进行曝光和谴责,形成对生态破坏行为的强大舆论压力。

---

[1] 石敏俊,陈岭楠,赵云皓,等.生态环境导向的开发(EOD)模式的理论逻辑与实践探索[J].中国环境管理,2024,16(2):5-14.

第三节　生态价值溢出的未来研究趋势

一、量化评估与动态监测

目前，在衡量生态价值溢出的方法层面仍然存在着精确性低、主观性强等问题。这是由于核算科目、模型方法的差异，导致同一区域核算结果存在巨大差异且难以验证，核算结果缺乏社会公认度和市场认可度，使核算结果在实际应用上受到局限。[①] 并且在核算过程中往往包含较多的主观判断，导致核算结果的主观性较强，可能面临生态产品、服务生产技术、生态价值认证技术、价值度量技术等方面的技术挑战，难以准确反映生态价值的真实情况。

随着科技的不断进步，未来生态价值溢出的量化评估将更加注重技术的创新。例如，利用遥感技术、GIS和大数据等现代信息技术手段，可以更精确地监测和评估生态系统的服务功能、资源利用效率和环境承载能力，从而更准确地反映生态价值溢出的程度和范围。由于目前生态价值溢出的量化评估指标还不够完善，需要进一步研究和探索，未来研究将更加注重指标体系的科学性和系统性，将更多的生态要素和生态过程纳入评估范围，形成更加全面、准确

---

① 朱颖，周逸帆，冯育青，等. 2018年太湖国家湿地公园的价值溢出［J］. 湿地科学，2020，18（1）：1-9.

的评估指标体系。此外未来的生态价值溢出量化评估将更加注重方法的多元化，除传统的市场价值法、替代成本法等方法外，还将探索和应用生态系统服务价值评估法、能值分析法等新的评估方法，以满足不同评估需求和数据条件的需要。

随着生态环境监测技术的不断升级和完善，未来生态价值溢出的动态监测将更加精准和高效。例如，利用物联网技术、无人机技术和卫星遥感技术等现代监测手段，可以实现对生态系统的实时、动态监测，及时掌握生态系统的变化情况和生态价值溢出的动态特征。监测范围也将不断扩大，除对重点区域和关键生态系统进行监测外，还将加强对其他生态系统类型和区域的监测，形成更加全面、系统的监测网络。为了实现生态价值溢出动态监测的资源共享和协同管理，未来的研究将更加注重监测数据的共享和开放，通过建立数据共享平台和信息发布机制，可以促进不同领域、不同部门和不同地区之间的数据共享和交流，为生态价值溢出的研究和应用提供更加全面、准确的数据支持。

从量化评估与动态监测的角度来看，未来生态价值溢出的研究将更加注重技术的创新和方法的多元化，同时完善评估指标和扩大监测范围，以实现对生态系统服务功能和生态价值溢出的全面、准确评估和动态监测。

二、跨学科整合研究

随着全球环境问题的日益严峻，生态价值溢出作为连接自然生态系统和人类社会经济的桥梁,其研究不仅关乎自然环境的可持续发展,也影响着社会经济的长期健康发展。

未来生态价值溢出的研究将更加注重跨学科的整合。生态学、经济学、社会学、地理学等学科的理论和方法将被广泛应用到这一领域中,形成多维度的研究视角。例如,生态学可以为生态价值溢出提供基础的科学支撑,揭示生态系统内部的运行规律和机制;经济学则可以通过量化分析,评估生态价值溢出的经济价值和市场潜力;社会学和地理学则可以从社会文化和空间分布的角度,探讨生态价值溢出对人类社会的影响和反馈。

在技术革新的推动下,未来的生态价值溢出研究将更加注重数据的获取和处理。遥感技术、GIS、大数据等现代信息技术的应用,将极大地提高数据获取的效率和准确性,为生态价值溢出的量化分析和模型构建提供强有力的支持。同时,这些技术也将有助于揭示生态价值溢出的空间分布特征和动态变化规律,为政策制定和决策提供科学依据。在跨学科整合的基础上,生态价值溢出的研究需要运用现代数学、统计学和计算机技术等工具,对生态系统的结构、功能和价值进行定量分析。通过构建数学模型和仿真系统,可以更加准确地描述生态系统的动态变化过程,预测生态价值溢出的趋势和潜力。这种定量分析与模型构建的研究方法,不仅能够提高研究的科学性和准确性,还能够为政策制定和决策支持提供有力依据。

综上所述,从跨学科整合的角度来看,生态价值溢出的未来研究将呈现多元化、深度化、技术化和实践化的趋势。这些趋势将推动生态价值溢出研究的不断深入和发展,为构建人与自然和谐共生的美好未来提供有力支撑。

三、全球视野与地方特色

从全球视野来看，随着全球气候变化的日益严峻，生态价值溢出研究将更加注重与气候变化的关联。例如，研究如何通过保护和恢复生态系统来增强碳汇能力，减少温室气体排放，实现碳中和目标。全球将探索清洁能源、绿色交通、绿色建筑等方面的政策、机制和技术创新，以转变生产方式、生活方式和消费模式，实现绿色低碳高质量发展。生物多样性保护是全球生态文明建设的重要内容。未来研究将更加关注生物多样性丧失对生态价值溢出的影响，并探索如何通过法律、政策等手段加强生物多样性保护。需要建立健全生物多样性保护的法律制度，从整体出发进行法律规制研究，从系统性的框架下看生物多样性保护问题。在全球范围内，可持续发展已成为生态价值溢出的重要目标。研究将关注如何通过生态修复、生态农业、生态旅游等方式，将生态价值转化为经济价值和社会效益，推动社会的全面可持续发展。生态产品的价值实现可以带动相关产业的发展，推动地方经济的繁荣，同时促进生态环境的修复和保护。

由于不同地区具有不同的生态系统类型和特点，生态价值溢出的研究将更加注重地方生态系统的独特性。[1] 例如，针对长白山地区

---

[1] 叶遥, 朱艺琦, 杨萌萌, 等. 林业创新生态系统对林业绿色发展的影响：基于门槛效应模型 [J]. 林业经济, 2024, 46 (2)：27-53.

的生态旅游发展,将研究如何充分利用其独特的森林资源和生态条件,推动生态旅游的可持续发展。地方政策对生态价值溢出的研究和实现具有重要的引导作用,未来研究将关注地方政府如何制定和实施相关政策,推动生态价值溢出的实现。例如,通过制定生态补偿政策、生态修复政策等,激励生态保护行为,促进生态价值的可持续利用和保护。在地方生态价值溢出的实现过程中,当地社区的参与和共赢至关重要。研究将关注如何促进当地社区的参与和合作,实现生态价值溢出的共享和共赢。例如,通过发展生态农业、生态旅游等产业,提高当地居民的收入水平和生活质量,同时促进生态环境的保护和修复。

综上所述,从全球视野和地方特色两个角度出发,生态价值溢出的未来研究趋势将更加注重与气候变化的关联、生物多样性保护、可持续发展的生态路径、地方生态系统的独特性、地方政策的引导作用以及地方社区的参与和共赢。这些趋势将共同推动生态价值溢出的深入研究和实践应用,促进全球和地方的生态文明建设。

第四章

生态价值增值的原理、机制

生态产品价值实现实质上是通过生态产品价值增值实现生态产品可持续供给的过程。因此，本章进一步厘清生态价值增值的原理，并从提升生态系统服务功能、完善生态补偿机制以及促进生态资本的有效转化等角度对生态产品价值增值的运行机制进行分析，为生态产品价值增值的具体实践提供具有普适性的理论指导。

第一节 生态价值溢出与价值增值

生态价值溢出与价值增值之间存在着密切的联系，两者在生态系统管理和可持续发展中相辅相成，互为前提，相互促进。生态价值溢出是价值增值的基础。生态系统中的生物多样性和生态服务的溢出效应，为价值增值提供了丰富的资源和潜力。而通过价值增值的实现，可以进一步保护和提升生态系统的价值，促进生态价值溢出的持续和增强。生态价值溢出和价值增值也在生态系统中相互促进,生态价值溢出为价值增值提供了物质基础,而价值增值的实现又反过来促进了生态系统的保护和恢复,增强了生态价值溢出的能力。① 这种相互促进的关系,有助于实现生态系统的良性循环和可持续发展。

但是生态价值溢出与价值增值之间也具有显著的差异,表现在含义、特点等方面。② 生态价值溢出主要指生态系统中的某一部分或某一物种,在保持其自身生存和发展的同时,为其他生物个体或生态系统提供额外的生存条件或利益,即生态价值的"外溢"现象。从更深层次理解,它反映了生态系统中生物之间相互依存、相互促进的关系,以及生态系统对人类生存的环境价值。而价值增值在生态领域,通常指通过生态产品价值实现的过程,将生态产品所蕴含的内在价值转化为经济效益、社会效益和生态效益,从而推动生态效益向经济、社会效益转化。价值增值强调的是生态价值的"增加"和"提升",是通过一定手段或方法使生态价值得到更大程度的发挥和利用。生态价值溢出强调的是生态价值的自然溢出和传递,是生态系统内部自然发生的现象;而价值增值则更侧重于人为的、通过一定手段实现的生态价值的增加。此外,生态价值溢出通常是非市场性的,不易直接度量,且依赖于生态系统的健康和完整。它是可持续性的,但受生态系统变化和人类活动的影响,可能存在不确定

---

① 金铂皓,马贤磊.生态资源禀赋型村庄何以实现富民治理:基于浙南 R 村的纵向案例剖析 [J].农业经济问题,2024 (6):87-104.
② 朱新华,李雪琳.生态产品价值实现模式及形成机理:基于多类型样本的对比分析 [J].资源科学,2022,44 (11):2303-2314.

性。价值增值通常是市场导向的，可以通过产品的质量、功能和品牌形象来提高。它强调市场竞争力和消费者需求，通常与创新性和竞争性相关。

总的来说，生态价值溢出关注生态系统服务的非市场价值，强调生态系统服务对人类福祉的全面贡献；而价值增值则关注市场价值，侧重于通过市场机制提高商品或服务的经济价值。但生态价值溢出和价值增值都旨在实现生态系统的稳定和平衡，促进人类社会的可持续发展。通过保护和提升生态系统的价值，可以为人类提供更多的生态服务和资源，同时减少环境污染和生态破坏，实现人类与自然和谐共生的目标。

第二节　生态价值增值的原理

一、生态价值增值的定义

生态价值增值是指在自然生态系统和人类社会经济系统相互作用的过程中，生态系统服务功能、生物多样性、生态产品和文化价值等方面得到提升，从而使生态系统的综合价值得到提高的现象。[①]生态价值增值涉及生态、经济、社会和文化等方面，是生态系统与

---

① 杨孟禹，房燕，周峻松. 生态价值实现机制研究进展与启示 [J]. 区域经济评论，2022（6）：148-160.

人类社会相互促进、相互影响的结果。

从生态角度来看,生态价值增值可以理解为生态系统服务功能的提升、生物多样性的增加等。生态系统为人类提供许多重要的服务,主要包含供给服务、调节服务、支持服务和文化服务。生态系统得到有效保护和恢复,其服务功能会得到提升,从而提高生态价值。例如,通过植树造林、水土保持等生态修复工程,可以恢复生态系统的功能,提高生态价值。此外,生物多样性是生态系统健康和实现功能的基础,生物种类越多,生态系统的抵抗力和恢复力通常越强,从而产生更多的生态价值。

从经济角度来看,生态价值增值可以理解为生态产品的增值、生态补偿机制的实施、绿色发展政策的推动等。生态产品是指源于生态系统、对人类生活产生直接或间接影响的产品。生态产品的增值主要体现在产品的品质、功能和文化内涵等方面。例如,有机农产品、生态旅游、绿色能源等,都是具有较高生态价值的生态产品。通过提高生态产品的品质和附加值,可以实现生态价值的增值。生态补偿是指通过对生态系统服务功能进行补偿,激励生态系统服务提供者保护和恢复生态系统的行为。生态补偿机制的实施,有助于提高生态系统的价值和人类的生态福祉。例如,政府通过对退耕还林、退牧还草等生态工程的补偿,激励农民和牧民参与生态保护和恢复。绿色发展政策是指以生态优先、绿色发展为导向的政策体系。通过制定和实施绿色发展政策,可以推动经济社会发展与生态环境保护相互促进、相互协调,实现生态价值的增值。例如,政府制定一系列环保法规、绿色发展行动计划等,引导企业和公众积极参与生态环境保护。

从社会角度来看，生态价值增值是指生态系统对社会系统的积极影响，以及社会在保护和恢复生态系统中的作用。通过这种相互作用，生态价值增值有助于实现社会的可持续发展和提升社会整体的福祉。生态价值增值意味着生态系统能够更好地满足人类的基本需求，如清洁的空气、洁净的水源、丰富的食物和健康的生态系统，这些直接影响公众的生活质量，提升公众的福祉。生态价值增值也强调资源的公平分配，确保不同社会群体都能享受到生态系统的服务。这包括提供公平的就业机会、改善贫困地区的生态环境，以及确保弱势群体能够从生态保护和恢复中受益。从文化角度来看，生态价值增值可以理解为文化价值的提升，包括审美的提高，教育的改善，休闲方式的增多等。随着人们对生态环境和生态文化的重视，生态系统的文化价值不断提升。例如，生态旅游、自然教育、科普宣传等，都是挖掘和提升生态系统文化价值的重要途径。此外，生态价值增值还体现在人们对生态文化的认同和传承，以及对生态环境保护的责任感和使命感等方面。

综上所述，生态价值增值是生态系统与人类社会相互促进、相互影响的结果，涉及生态、经济、社会和文化等方面。实现生态价值增值，需要政府、企业、公众等共同努力，推动绿色发展，保护和恢复生态系统，挖掘和提升生态系统的综合价值。

二、生态价值增值的来源

由价值增值原理可知，价值增值可以通过加环增值、减环增值以及差异度增值三种方式实现。加环增值是通过增加一个或几个转化效率高的环节来延伸产业加工链，提高生态资源利用率，增加产品品种，生产更优的产品，实现价值增值。减环增值是在经济生产过程中，适当减少加工链，采用高新技术替代，使经济产出水平较低的生产环节被更高水平的生产环节取代，以获得更高附加值的产品。差异度增值是通过产品的品种、外观、功能的差异、季节性差异、地域差异和习惯差异等，使价值和价格相背离，达到价值增值的目的。

在生态经济系统中，资源的开发和利用不仅仅是一个单向的过程，而是形成了一个复杂而精密的生态经济网络。这种网络由链状和网状结构构成，其中链状结构尤为关键，因为它直接影响生态资源的利用效率和生态价值的增值。生态价值增值主要通过长链利用模式来实现。在这种模式下，资源经过多次循环转化和再利用，形成了一条长长的资源利用链。这种长链结构相较于短链结构，具有更多的循环转化环节，这些环节不仅增加了资源的附加值，还促进了生态系统中物质和能量的多级利用。在资源利用链中，每一个环节都是相互依存、相互制约的，这种相互依存和制约的关系使生态系统在面对外界干扰时具有更强的抵抗力和恢复力。因此，长链利用模式有助于维护生态系统的稳定性和可持续性，从而进一步提升生态价值。通过技术创新，不断改进和优化资源利用链中的各个环节，提高资源转化效率和附加值，进一步拓展生态经济系统的发展空间和潜力。

从经济学理论视角下看待生态价值增值的来源，新古典经济学的"外部性理论"指出，当某个经济主体的行为对他人或环境产生未被市场价格反映的影响时，就产生了外部性。在生态系统中，这种外部性通常表现为"正外部性"，即生态保护行为不仅为行为者带来直接利益，如提升环境质量、增强生态系统服务，同时也为其他社会成员带来了间接利益，如改善公共健康、促进生物多样性等。这些正外部性的存在，促使了生态价值的增值。生态经济学的"自然资本理论"也提供了理解生态价值增值的另一视角。自然资本理论将自然资源和生态系统服务视为一种资本，它们不仅具有直接使用价值，还具有潜在的生态价值和未来价值。通过保护和恢复自然资本，可以增加其存量和质量，从而提升其提供的生态服务价值。这种自然资本的增值，不仅体现在生态系统服务的数量增加上，也体现在服务质量的提升上，如水源涵养能力的提升、空气质量的改善等。此外，环境经济学的"可持续发展理论"也为生态价值增值提供了理论支撑。可持续发展理论强调经济发展与环境保护的协调统一，追求在满足人类当前需求的同时，不损害未来世代满足其需求的能力。在可持续发展框架下，生态价值增值不仅意味着生态系统服务的提升，更强调在经济发展过程中实现资源的高效利用、环境的持续改善以及社会的公平与和谐。通过采用绿色技术、推动循环经济、实施生态补偿等措施，可以实现经济发展与生态保护的双赢，从而推动生态价值的增值。

第三节　生态价值增值的机制

一、提升生态系统服务功能

经济学中的资源价值论认为，资源具有价值，且其价值不仅体现在直接的经济利用上，还体现在其提供的生态系统服务上。[1] 提升生态系统服务功能是维护生态平衡、促进人与自然和谐共生的重要途径。生态经济学认为，自然资源和环境的价值不仅在于其经济价值，更在于其生态价值。生态系统服务的提升能够维护生态系统的稳定性和健康性，从而保障人类社会的可持续发展。生态经济学强调在资源配置过程中要充分考虑自然资源和环境的承载能力和可持续性。提升生态系统服务，有助于优化资源配置，提高资源利用效率，减少资源浪费和环境污染，同时，通过合理的资源配置，可以进一步推动生态系统服务的提升和生态价值的增值。

生态系统服务功能主要包括供给服务、调节服务、支持服务和文化服务，提升生态系统服务功能水平能够有效实现生态价值增值，对人类福利和可持续发展具有重要意义。

生态系统供给服务能力指生态系统为人类提供的直接物质资源，

---

[1] 李坤海. 南极海洋生物资源养护的法律问题研究 [D]. 上海：上海财经大学，2022.

如食物、水资源、木材等。供给性服务中的食物和水资源是人类生存和发展的基础，缺乏这些服务将严重危及人类的生计和健康。农业生态系统提供的丰富农作物和养殖资源，支持了全球各地的农业生产和粮食供应。森林生态系统不仅为人类提供了木材、纤维和药物等重要资源，还具有保持空气质量、净化水源和调节气候的重要功能。海洋生态系统则为渔业、旅游业和沿海居民提供了巨大的经济利益。由此可见，生态系统供给服务对人类社会的发展和福祉起到重要作用，提升生态系统供给服务能力能够有效促进生态价值增值。从资源保护与管理角度，可以制定严格的保护政策，比如，划定生态保护红线，确保重要生态区域的完整性；加强森林、草原、湿地等生态系统的保护，防止过度开发和破坏；建立健全资源监测和评估体系，对生态资源的数量、质量和分布进行定期评估，为资源管理提供科学依据。从农业生产方式转变角度，需要转变传统的农业生产方式，推广生态农业和可持续农业。这包括采用有机农业、轮作休耕、秸秆还田等技术手段，减少化肥和农药的使用，提高土壤肥力和农产品质量；同时，发展节水农业和生态农业技术，降低水资源消耗，减少污染物的排放，保障农业生态系统的稳定性和可持续性。从林业资源管理角度看，需要加强林业资源管理。这包括制定合理的林业发展规划，优化林种结构，提高森林覆盖率；加强森林病虫害防治和森林防火工作，确保森林资源的健康和安全；同时，推广林下经济、林业旅游等新兴产业，实现林业资源的多元化利用和价值提升。从水资源管理角度，为了提升水资源供给服务能力，我们需要加强水资源管理。这包括制定合理的水资源开发利用规划，保障水资源的可持续利用；加强水资源保护，减少污染物的排放，保障水质的安全；同时，推广节水技术和设备，提高水资源利用效率，降低水资源消耗。

生态系统调节服务是指生态系统在调节气候、水文循环、空气质量等方面的作用。林生态系统不仅为人类提供了木材、纤维和药物等重要资源，还具有保持空气质量、净化水源和调节气候的重要功能。海洋生态系统则为渔业、旅游业和沿海居民提供了巨大的经济利益。调节性服务可以降低风险和损失，例如，通过保持洪水预防过程、减少气候变化的影响、减少光污染等。从生态保护和恢复的角度，首先，保护和恢复生态系统的完整性是提升调节服务能力的基础。需要加强对自然生态系统的保护，防止过度开发和破坏，通过划定生态保护红线、建立自然保护区等措施，确保重要生态区域的稳定和安全。同时，对于已经受损的生态系统，应积极开展生态修复工作，如植被恢复、湿地重建等，以恢复其原有的调节功能。从碳汇建设和气候变化的应对角度，为了提升生态系统的碳汇能力，需要加强植树造林、草原恢复等碳汇建设活动。这些活动不仅可以增加生态系统的生物量，还可以提高生态系统的碳吸收和储存能力，有助于缓解全球气候变化。同时，我们还需要加强气候变化应对措施的研究和实施，如推广清洁能源、减少温室气体排放等，以减轻对生态系统的压力。从科技支持和创新的角度，科技创新是提升生态系统调节服务能力的重要驱动力，需要加强科技研发和创新，推动生态技术的创新和应用。这包括研发新的生态修复技术、水资源管理技术、碳汇技术等，提高生态系统的自我修复能力和调节功能；

同时，加强生态技术的推广和应用，提高社会各界对生态技术的认知和使用率。

生态系统支持服务是指生态系统在土壤保持、维持养分循环、生物多样性维护等方面的作用。从生物多样性保护的角度，生物多样性是生态系统支持服务能力的核心。要提升支持服务能力，需要加强生物多样性的保护。这包括建立自然保护区、生态廊道等，为野生动植物提供栖息地和迁徙通道；加强物种保护，防止过度捕猎和非法贸易；同时，推动公众参与生物多样性保护，提高公众对生物多样性的认识和重视程度。从土壤保持与管理的角度，土壤是生态系统的基础，对于支持服务能力的提升至关重要。为了保持土壤的健康和稳定，我们需要采取一系列措施。首先，加强水土保持工作，通过植树造林、退耕还林等措施，防止水土流失和土壤侵蚀；其次，推广科学的耕作方式，如轮作、间作等，减少化肥和农药的使用，保护土壤肥力；最后，加强土壤污染防治，减少工业、农业和生活污染对土壤的破坏。从养分循环与管理的角度，养分循环是生态系统支持服务的重要组成部分。为了提升养分循环能力，我们需要采取一系列措施。首先，加强养分管理，通过科学施肥、合理灌溉等方式，提高养分的利用效率；其次，推广生态农业和有机农业，减少化肥和农药的使用，降低对生态系统的压力；最后，加强养分循环的研究和监测，了解养分在生态系统中的流动和转化过程，为养分管理提供科学依据。从生态系统监测与评估的角度，为了及时了解生态系统的健康状况和支持服务能力的变化，我们需要加强生态系统的监测与评估工作。通过设立监测站点、开展定期调查等方式，收集生态系统的数据和信息；利用遥感、GIS等先进技术手段，对生态系统进行空间分析和模拟预测；根据监测和评估结果，制定针对性的保护和恢复措施，提升生态系统的支持服务能力。

生态系统文化服务是指人类从生态系统中获得的精神和文化层面的满足。提升生态系统文化服务能力的首要任务是增强公众对生态系统的认识和尊重。通过开展环境教育普及活动，如户外生态体验、环保讲座、生态课堂等，让公众更直观地感受生态系统的美丽与脆弱，激发他们保护环境的责任感。同时，利用媒体平台，如电视、网络、社交媒体等，广泛传播生态环保理念，提升全社会的环保意识。在城市规划和建设中，注重生态与文化的融合，是提升生态系统文化服务能力的重要途径。通过规划生态公园、绿地系统、湿地保护区等，为市民提供休闲游憩的好去处，同时展示生态系统的自然美。还可以结合当地文化特色，打造具有地方特色的生态旅游产品，如生态博物馆、民俗村等，让游客在欣赏自然美景的同时，领略当地的文化魅力。生态旅游作为一种新型旅游方式，对于提升生态系统文化服务能力具有重要意义。在开发生态旅游时，应坚持"保护优先、合理利用"的原则，确保旅游活动对生态系统的影响在可承受的范围。首先，通过制定合理的旅游规划，限制游客数量，减少对环境的破坏。同时，加强对游客的环保教育，提高他们的环保意识，共同维护生态环境的健康。其次，利用现代科技手段，提升生态系统文化服务能力。例如，运用遥感、GIS等技术手段，对生态系统进行实时监测和评估，为生态保护提供科学依据。同时，借助互联网、大数据等信息技术，打造智慧生态服务平台，为游客提供便捷的信息查询、导览、预订等服务。再次，还可以利用虚拟现实、增强现实等技术手段，让游客在虚拟环境中体验生态系统的美丽与神奇，提高他们的环保意识。最后，鼓励社会各界参与生态系统文化服务能力的提升工作。通过设立环保志愿者组织、开展公益活动等方式，引导公众参与生态保护行动。同时，加强与政府、企业、社区等各方的合作与交流，形成共建共享的生态系统文化服务体系。

总之，提升生态系统的供给服务、调节服务、支持服务和文化服务能力是一个复杂而系统的工程，需要从多个角度出发，制定综合而细致的方案。在供给服务方面加强资源保护与管理、转变农业生产方式、加强林业资源管理、加强水资源管理等方面的工作，共同推动生态系统的可持续发展和供给服务能力的提升。在调节服务方面，从生态保护和恢复、碳汇建设和气候变化应对，以及科技支持和创新等角度出发，制定综合而细致的策略，共同推动生态系统的可持续发展和调节服务能力的提升。为提升生态系统的支持服务能力，可以通过加强生物多样性保护、土壤保持与管理、养分循环与管理、生态系统监测与评估，以及科研与教育推广等方面的工作为地球生态平衡和可持续发展贡献力量。提升生态系统文化服务能力需要从教育普及、规划设计、生态旅游、科技支撑和社会参与等角度入手，形成多元化的服务体系。只有这样，我们才能更好地保护和利用生态系统资源，提升生态系统的服务能力，促进生态价值增值，实现人与自然的和谐共生。

二、完善生态补偿机制

生态系统服务往往具有正外部性,即其提供的服务不仅惠及直接的使用者,还惠及整个社会和生态环境。然而,这些服务的提供者往往无法从市场上获得相应的回报。通过提升生态系统服务,并建立相应的补偿机制,可以将这些外部性内部化,使服务的提供者获得应有的经济激励,从而推动生态系统服务的持续改善和生态价值的增值。生态补偿机制是以保护生态环境、促进人与自然和谐为目的,根据生态系统服务价值、生态保护成本、发展机会成本,综合运用行政和市场手段,调整生态环境保护和建设相关各方之间利益关系的一种制度安排。[①] 它主要通过对损害生态环境的行为进行收费,或对保护生态环境的行为进行补偿,来调节生态保护与经济发展之间的关系,以促进资源的可持续利用和生态系统的良性循环,从而实现生态价值增值。

首先,建立资源有偿使用制度,补齐经济社会发展的短板。第一,建立能够真实反映资源稀缺程度、市场供求关系、环境损害成本的价格机制。按照维护自然资源可持续利用的原则要求,确立合理的自然资源价格差异与比例关系,充分考虑自然资源与资源产品、可再生与不可再生资源、土地资源、水域资源、森林资源、矿产资源等不同类别资源的价格差异。第二,不断纠正原有价格体系中的扭曲现象,将资源自身价值、开采成本以及环境成本等全面纳入价格体系,从而为资源有偿使用制度提供坚实的体制支撑。此外,严

---

① 姜宏瑶. 中国湿地生态补偿机制研究 [D]. 北京:北京林业大学,2011.

格执行资源开采权有偿取得制度。石油、煤炭、天然气和有色金属等珍贵的不可再生资源，开采者必须向国家缴纳相应税费以获得开采权。同时应废除自然资源一级市场供给的双轨制，确保企业通过市场竞争如招标、拍卖等公平方式获取开采权，对于之前以无偿或低价获取开采权的企业，应进行全面清理。第三，发挥财政职能，做好资源有偿使用收入的管理工作。通过财政配置职能，建立合理的资源成本分摊机制，确保资源自身价值、开采费用、环境恢复费用及安全费用等共同成本在资源开采、资源产品和产品服务等产业链中得到合理分摊。同时，利用财政的调节职能，对资源有偿使用收入进行有效分配，确保专款专用，实现中央与地方按比例分成。第四，加强资源开发管理和宏观调控。营造公平、公正、公开的资源市场环境，构建统一、开放、有序的资源初始配置机制和二级市场交易体系。通过建立政府调控市场、市场引导企业的资源流转机制，实现资源的有序配置，提高利用效率，改变人们传统的资源利用和消费方式，以资源的有序利用促进经济社会的可持续发展。

其次，健全生态环境补偿机制，完善生态文明的制度体系。第一，针对环境保护与生态修复，应实施环境税收和生态补偿保证金制度。这两项制度作为长期稳定的补偿资金来源，对于贯彻科学发展观、促进生态文明建设具有重要意义。在具体操作中，可基于不同国家的实际情况，将废气、废水和固体废弃物的排放设定为环境税的征税对象，同时，将高污染产品纳入消费税，并以环境附加税的形式进行合并征收。对于新建或正在开采的矿山、林场等，应建立生态补偿保证金制度，强调土地复垦和林木新植，要求企业在缴纳保证金后方可获得开采许可。若企业未能履行生态补偿义务，政府将利用保证金进行生态修复治理。第二，为了优化补偿支付体系，应实现横向转移支付的纵向化。当前，中国政府预算收支科目中与生态环境保护相关的项目约有30项，但尚缺乏专门的生态环境补偿科目。因此，建议在财政转移支付中增设生态环境补偿项目，并加大其纵向转移力度，对限制开发和禁止开发区域实施政策倾斜。尤为关键的是，由中央财政确立横向补偿标准，确保生态受益地区向生态效益提供地区的转移支付统一纳入中央财政管理，再通过纵向支付将补偿金分拨给因保护环境而牺牲经济发展机会的地区和人群，以减少补偿不足、过度补偿等不公平和效率低下的问题。第三，形成生态保护职责和生态补偿对称的评估体系。为确保生态保护职责与生态补偿之间的对称性，应构建相应的评估体系。这一体系需涵盖环境效益的计量、环境资源的核算等关键问题，以决定补偿标准、计费依据以及横向补偿资金的拨付方式。为此，应加速建立科学的生态环境评估体系，推动定性评价向定量评价的转变，为生态环境补偿机制的有效完成提供技术保障。

最后，完善纵向和横向的生态保护补偿制度。纵向生态保护补偿指国家通过财政转移支付等方式，对开展重要生态环境要素保护的单位和个人，以及在依法划定的重点生态功能区、生态保护红线、自然保护地等生态功能重要区域开展生态保护的单位和个人，予以补偿。对于重点生态功能区，综合考虑生态功能地区经济社会发展状况、生态保护成效等因素确定补偿水平，加快建立反映生态功能状况的差异化补偿标准，结合中央财力状况逐步增加相关地区转移支付规模。① 实施以财政奖补为主的生态综合补偿方式，提高资金使用效率。对于生态保护红线区域，根据生态效益外溢性、生态功能重要性、生态环境敏感性和脆弱性等特点，加大对生态保护红线覆盖比例较高地区的支持力度，参照生态产品价值核算结果，完善生态保护红线区域生态补偿资金分配机制。同时，构建以国家公园为核心的自然保护地体系生态保护补偿机制，对保护单位和个人实施分类分级补偿，确保补偿规模与保护成效相匹配。为构建完善的生态补偿制度体系，将着重推进生态综合补偿制度，并对相关县市实施生态综合补偿。资金监管将强化，优先投入自然资源保护、环境治理与修复等领域。建立生态保护补偿成效考核评价机制和标准，严格开展相关考评。横向生态保护补偿指生态受益地区与生态保护地区人民政府通过协商等方式建立生态保护补偿机制，开展地区间横向生态保护补偿。横向生态保护补偿的重点是解决跨省跨区协商难、横向补偿推进慢等问题。以中国为例，在长江、黄河全流域，新安江、西江等重要流域，南水北调等重大引调水工程水源地，京津冀、长三角、粤港澳等重点区域建立健全跨流域横向补偿机制，开展跨区域联防联治。综合考虑生态产品数量和质量等因素，在重点流域横向生态补偿制度设计时，将出入境断面的水质和水量监测结果等作为重要的依据。健全粮食主产区利益补偿机制，完善对粮食主产区和产粮大县的财政转移支付制度。完善耕地保护补偿机制，

---

① 刘志强. 确立生态保护补偿基本制度规则[N]. 人民日报，2024-04-12（2）.

推动耕地保护补偿标准与耕地质量、数量及耕地生态系统变化幅度相挂钩，统筹耕地保护分类专项补偿和综合项目补偿。探索异地开发补偿模式，在生态产品供给地和受益地之间相互建立合作园区，建立对口协作、产业转移、人才培训等补偿方式，健全利益分配和风险分担机制。

三、促进生态资本的有效转化

生态资本是指生态资产中用于进行价值再生产或再创造的部分或全部投入份额。它包括自然资源总量、环境质量与自净能力、生态系统的使用价值，以及能为未来产出使用价值的潜力等内容。生态资本能够带来经济和社会效益，主要源于其能够替代货币资本，成为一种生产要素，与劳动力、土地等相结合，开展生产经营活动，创造利润，实现不断地增值。从已有文献资料上看，"生态资本"大体包括如下含义：第一，生态资本价值体现在生态环境的功能，包括环境的自净能力，生态系统的社会生产支持功能，生态系统对人类生存、生活的服务功能。第二，从经济发展的角度看，生态资本是稀缺的，特别是在生态环境状况不佳的地区更为稀缺。第三，生态资本是通过自然因素和人为投资双重作用形成的资本。生态资本是有意识投资的产物，自然存量可以对投资的效率产生影响，但不能取代这种人为投资，从这个意义上说，生态建设投入是一种投资。第四，生态资本像一切资本一样，都应当获得回报，并且它的回报有私人获得和公共获得两大类。随着全球生态环境的普遍恶化，生态资本的经济价值将逐渐提高。① 相对物质资本、人力资本、社会资本而言，生态资本具有供给阈值性。在其阈值范围内，生态资本的供给能力不受影响，具有可持续性，而一旦超出了这一阈值，生态资本的供给能力就会受到影响。生态资本的供给阈值并非固定不变的，通过技术进步可以扩大生态资本供给的阈值，这也为采取有效措施促进生态资本转化从而促进生态价值增值奠定基础。生态资本既建立在自然资源基础上，也建立在社会资源基础上。不仅自然资源可以形成生态资本，社会资源，包括社会意识、观念、机制、制度等也可以形成生态资本。自然资本和社会资本之间相互独立，没有交叉，而生态资本与二者都有交叉，并且与自然资本的重叠部分比与社会资本的重叠部分要大得多。生态资本与自然资本的重叠部分，用 A 表示，主要是构成生态环境质量的物质基础，其中包括水、大气、土壤、自然景观等；与社会资本重叠的部分，用 B 表示，主要包括人工生态环境和生态文化；在二者之外的部分，用 C 表示，主要是生态环境的质量及其变化趋势，包括各个物质组成的品质、流量、变化速度等，构成关系如图 4.1 所示。

  随着生态问题日益严峻，促进生态资源高效合理分配，完成生态价值的转化和实现，逐渐成为全球所有城市面临的重要议题。要想进入市场，"生态资源"需要成为"生态资产"。在中国，生态资源所有权为国家或集体所有，而其使用权、经营权则可以属于不同

---

① 方大春. 生态资本理论与安徽省生态资本经营 [J]. 科技创业月刊, 2009, 22 (8): 4-6.

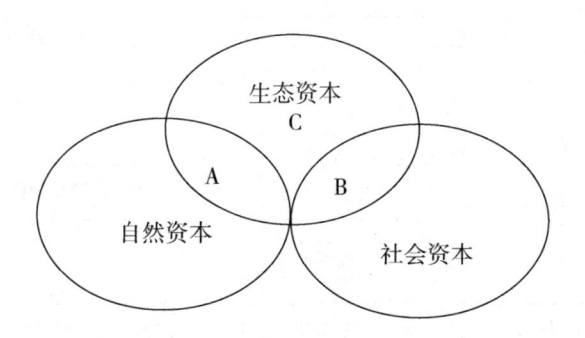

图4.1 生态资本与自然资本、社会资本关系图

的对象。① 因此，只有拥有明确的产权后，生态资源供需方才有可能开展交易。要想将价值变现，并在市场交易中实现增值，就需要进一步推进"生态资本化"的环节。这也意味着通过投资生态资产，经过资本运营后，在市场交易中获得更大利润，实现增值。这也是"生态资源资产化、资本化"发展路径的核心思路，也是目前国内外诸多城市实现生态价值的重要做法，生态资源资本化实现路径如图4.2所示。

经济学认为资源是稀缺的，而生态资本作为一种特殊资源，同样具有稀缺性。通过有效的转化机制，将生态资本转化为具有更高经济价值的产品或服务，可以实现生态价值的增值，可以采取政策引导与市场机制相结合、科技创新与产业升级相结合、生态修复与保护相结合等关键措施。

---

① 郭恩泽，曲福田，马贤磊．自然资源资产产权体系改革现状与政策取向：基于国家治理结构的视角［J］．自然资源学报，2023，38（9）：2372-2385．

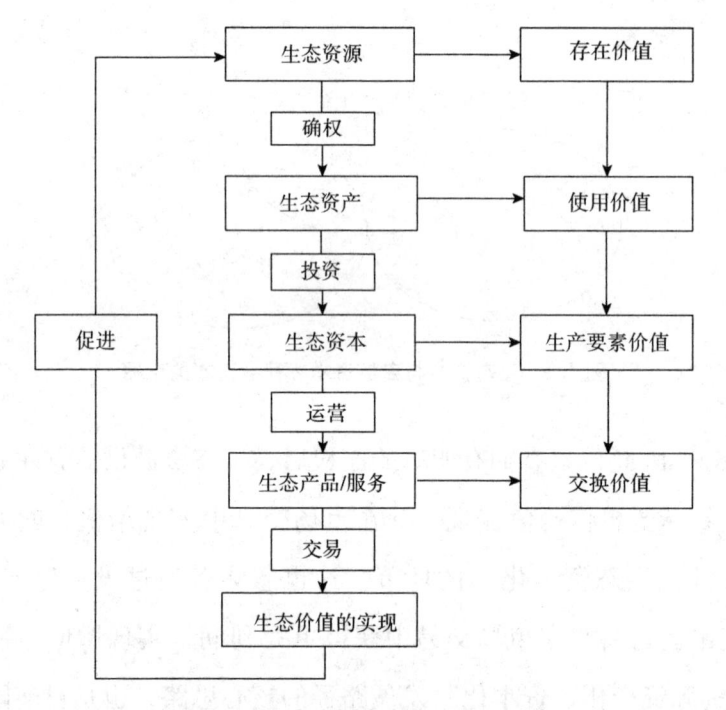

```
生态资源 ──────→ 存在价值
   │ 确权
   ↓
生态资产 ──────→ 使用价值
   │ 投资
   ↓
生态资本 ──────→ 生产要素价值
   │ 运营
   ↓
生态产品/服务 ──→ 交换价值
   │ 交易
   ↓
生态价值的实现
```
（促进）

图 4.2　生态资源资本化实现路径图

在政策引导层面，政府应明确生态资本转化的目标和原则，通过制定和完善相关法规和政策，为生态资本转化提供法律保障和政策支持，出台针对特定生态资源的保护与开发政策，如湿地保护、森林碳汇交易等，明确资源的开发利用标准和管理措施。同时设立生态资本转化专项资金，对符合生态资本转化方向的项目给予财政补贴和税收优惠，降低企业的投资成本，激励其参与生态资本转化。也可以建立健全生态资本转化的监管体系，对生态资本转化项目进行跟踪评估，确保项目按照既定目标进行，并及时发现和纠正问题。通过严格的监管和评估，确保生态资本转化的质量和效益，防止资源浪费和生态破坏。在市场机制层面，通过市场机制引导社会资本投入生态资本转化领域,鼓励企业、金融机构等多元主体参与生态资本转化项目,设立生态资本转化投资基金,吸引社会资本参与,为生态资本转化提供资金支持。建立健全如碳排放权交易、水权交易的生态资本交易平台,为生态资本转化提供市场化交易渠道。通过交易平台,实现生态资源的优化配置和高效利用,促进生态价值的最大化。金融机构可以针对生态资本转化领域推出创新的金融产品和服务,如绿色信贷、绿色债券等,为生态资本转化提供融资支持。通过金融产品的创新,降低生态资本转化的融资成本和风险,推动生态资本转化的顺利进行。政策引导可以为生态资本转化提供方向和支持,而市场机制则能够推动生态资本转化的高效进行,政府应充分发挥政策引导的作用,同时注重市场机制的作用,形成政策与市场协同作用的良好局面。福建南平市通过设立"森林生态银行",对本地林木资源进行"确权、管理整合、转换提升、市场化交易和可持续运营"的平台建设。从具体做法来看,首先,南平市开展了全面的森林资源摸底,重点完成了林地的确权登记、明确产权主体、划清产权界限。这是林木资源资产化的基础步骤。其次,依托森林生态银行,在不变更林地所有权的情况下鼓励林农通过入股、托管、租赁、赎买四种方式将分散的森林资源经营权、使用权流转至银行,并开展集中整治行动,形成权属明确、分布集中的林木资产,从而完成生态资源资产化过程。最后,银行采用"管理权与经营权"分离的模式,针对现有林木资产开展规模化、专业化的产业开发,发展木材加工、林下经济、森林康养等产业,培育林业碳汇等产品,并将环境良好的基地出租给专业旅游休闲运营公司,提升森林资产的复合收益,加强林木资源的价值溢出,实现生态资源资本化。[①] 森林生态银行工作模式如图4.3所示。

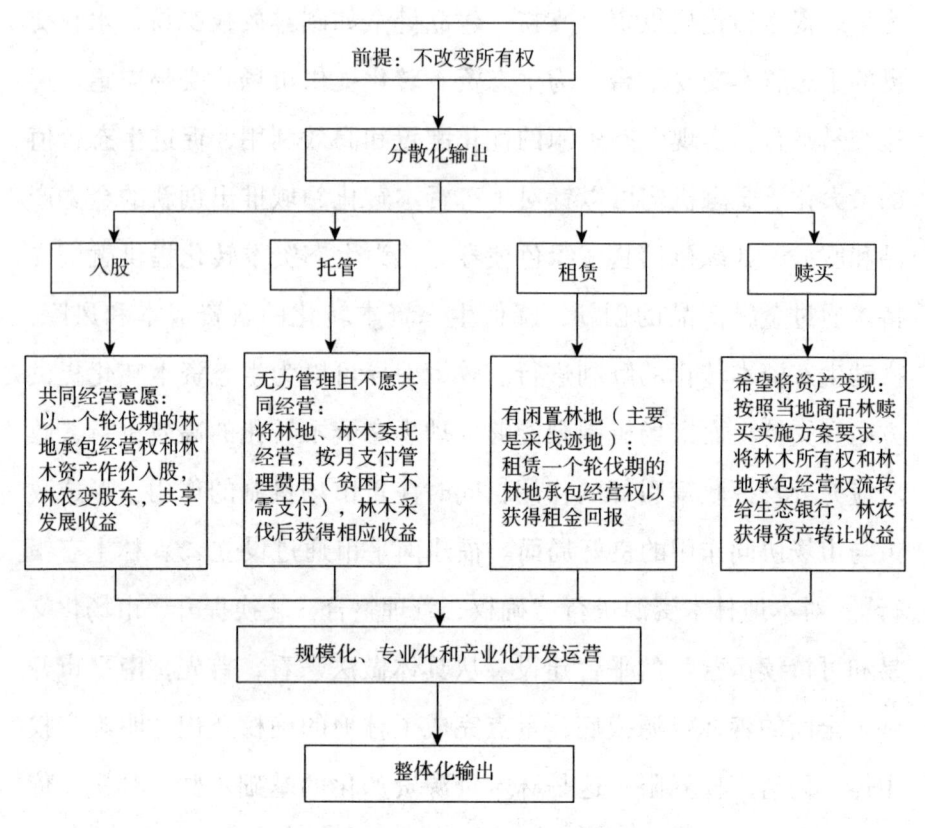

```
                    前提:不改变所有权
                          │
                      分散化输出
            ┌─────────┬────┴────┬─────────┐
           入股       托管       租赁      赎买
            │         │         │         │
    ┌───────┴──┐ ┌────┴─────┐ ┌─┴──────┐ ┌┴─────────┐
    │共同经营意愿:│ │无力管理且不愿共│ │有闲置林地(主要│ │希望将资产变现:│
    │以一个轮伐期的│ │同经营:      │ │是采伐迹地):  │ │按照当地商品林赎│
    │林地承包经营权│ │将林地、林木委托│ │租赁一个轮伐期的│ │买实施方案要求,│
    │和林木资产作价│ │经营,按月支付管│ │林地承包经营权以│ │将林木所有权和林│
    │入股,林农变股│ │理费用(贫困户不│ │获得租金回报   │ │地承包经营权流转│
    │东,共享发展收│ │需支付),林木采│ │            │ │给生态银行,林农│
    │益          │ │伐后获得相应收益│ │            │ │获得资产转让收益│
    └──────────┘ └──────────┘ └────────┘ └──────────┘
            └─────────┴────┬────┴─────────┘
                          │
                规模化、专业化和产业化开发运营
                          │
                      整体化输出
```

图4.3 森林生态银行工作模式示意图

在科技创新层面,科技创新是推动生态资本转化的重要动力。通过研发新技术,如污染物元素级去除技术、制药行业含氯挥发性有机物(VOCs)与二噁英协同低碳减排技术等,可以有效解决生态

[①] 杜健勋,卿悦."生态银行"制度的形成、定位与展开[J].中国人口·资源与环境,2023,33(2):188-200.

资源利用中的技术难题,提高资源利用效率,降低环境污染。将新技术应用于生态资本转化过程中,如大规模烟气碳捕集技术、生态标签制度等,可以实现对生态资源的深度开发和高效利用,同时减少对环境的影响。通过科技创新,开发出更多符合生态环保要求的生态产品和服务,如绿色农产品、生态旅游、清洁能源等,满足消费者对绿色生态产品的需求,推动生态产业的发展。在产业升级层面,通过产业升级,优化产业结构,减少高污染、高能耗产业的比重,增加绿色生态产业的比重,实现产业结构的绿色转型。通过发展生态产业链,实现资源的循环利用和废弃物的有效处理,降低生产过程中的环境污染和资源浪费,提高整个产业链的生态价值。还可以培育具有区域特色的生态产业集群,如生态农业、生态旅游、清洁能源等,通过集群效应,提高生态产业的竞争力和影响力,推动生态资本的有效转化。在科技创新的过程中,注重与产业升级的结合,将新技术、新工艺、新材料等应用于产业升级中,推动产业的绿色转型和升级。构建以科技创新为核心的创新生态系统,包括科技创新平台、创新服务体系、创新人才培养等,为生态资本转化提供全方位的支持和保障。上海市崇明区科技创新引领产业升级的案例,通过科技创新优化农业发展环境、推广绿色种养模式、构建生态循环体系等,实现了农业的绿色转型和升级,促进了生态资本的有效转化。

在生态修复与保护层面,生态修复旨在通过人为干预和管理手段,重建、改良、恢复生态系统的结构、功能和服务性以及生物多样性。生态保护则强调对自然环境和生态系统的保护,防止其进一步受损或退化。结合生物修复、化学修复和物理修复等多种方法，针对不同类型的生态系统进行精准修复。例如，在土壤污染严重的地区，可以采用物理修复和化学修复相结合的方法，通过添加改良剂和化学剂来改善土壤性质和降解污染物。建立严格的生态环境保护法律法规，确保生态系统得到充分保护，加强生态监测和评估，及时发现和解决生态环境问题，鼓励公众参与生态环境保护，提高公众的生态环保意识。通过生态产品直接交易，将生态资源的优势转化为生态产品并直接获得价值。例如，利用丰富的竹林资源开发新型竹产品，满足市场需求并创造经济价值。推动生态资产优化配置和绿色产业组合，通过金融市场工具嫁接等方式实现生态资源增值。提高生态产品的"溢价"能力，在保护和修复生态环境的基础上，完善满足产业发展方向和居民生活需要的基础设施建设和公共服务配套。创新打造各具特色的绿色发展项目，提高项目文化内涵，传承和延续乡土文化、区域文化，以及游憩文化。充分挖掘历史、文化、风俗习惯等城市、乡村资源，发展区域性特色产业，延伸产业链打造多元产业。市场化配置要素资源，促使要素市场化配置与生态产品价值实现紧密结合，充分发挥土地、资本、技术、数据等要素资源优势。对生态产品实行货币化估值，如通过生态标签制度对符合生态标准的产品进行生态认证，增加产品附加值。也可以采取一些防止生态产品价值贬值的措施，例如，建立有效的生态产品价值实现项目监管机制，探索畅通多样化的信息透明渠道，并且统筹考虑自然生态各要素，进行整体保护、系统修复和综合治理。

通过政策引导与市场机制相结合、科技创新与产业升级相结合、生态修复与保护相结合等关键策略的综合运用，能够更好地实现生态资本的有效转化和生态价值的增值，应继续加强生态资本转化的研究和实践探索，不断推动生态资本转化工作的深入发展。

第五章

生态价值增值的过程与支撑

生态价值的增值过程遵循"生态资源—生态资产—生态资本—生态产品—价值实现"的内在规律，实质上是实现生态产品价值的货币化。生态价值的支撑依赖于一系列关键因素，包括生态系统的完整性、可持续利用自然资源、环境政策与法规、生态文明理念、科技进步、公众参与和环保意识、经济激励机制，以及国际合作与交流等。在前文对生态产品价值增值原理和机理的剖析基础上，本章进一步探讨生态价值增值的过程，并系统研究生态价值增值的支撑因素，为进一步实现生态价值增值提供科学支撑和理论指导。

第一节 生态价值的增值过程

生态系统是一个由海洋、荒漠、农田、湿地、草地和森林等组分构成的复杂网络，它们共同为生态系统服务提供了必要的物质和空间基础。这些组分通过其独特的物种组成和群落结构，形成了生态系统的结构。生态系统内发生的化学和物理过程，例如，物质循环、能量流动、水循环和信息传递，构成了生态系统功能的基础。

生态系统的功能体现在其提供的服务上，这些服务分为供给服务、调节服务、文化服务和支持服务。供给服务涵盖了农林牧渔产品的年产量和生态系统的固碳释氧功能；调节服务包括洪水调蓄、大气调节、土壤保持和侵蚀控制；文化服务涉及旅游、教育和宗教文化等方面；支持服务则是其他服务的基础，包括生物多样性和生物群落的扩散。

生态系统的资产可以被看作是存量和流量。存量指生态系统的物理存储量，例如，生态系统的面积、物种组成、固碳量、释氧量和土壤储水量；而流量则关注生态系统提供的年度服务量，如农林牧渔产品的年产量和年度防风固沙效用。生态产品是生态系统提供的有形和无形产品，包括农林牧渔产品和各种生态服务。

生态经济价值增值是一个系统化的过程，其核心在于通过改进生态产品的经营管理策略，实现生态资源实物量的增长，进而促进经济流量的累积与增加。该过程遵循"生态资源—生态资产—生态资本—生态产品—价值实现"的内在规律，从生态资源到经济价值的转化路径，涉及多个关键阶段，如图5.1所示。

生态资源的识别与保护是生态价值增值过程的基础。必须对生态系统内的各种资源进行精确的评估，确保对其稀缺性和潜在价值有充分的了解和认识。通过实施科学的生态管理和可持续利用措施，来提升生态资源的质量和数量，为后续的经济转化打下坚实的基础。

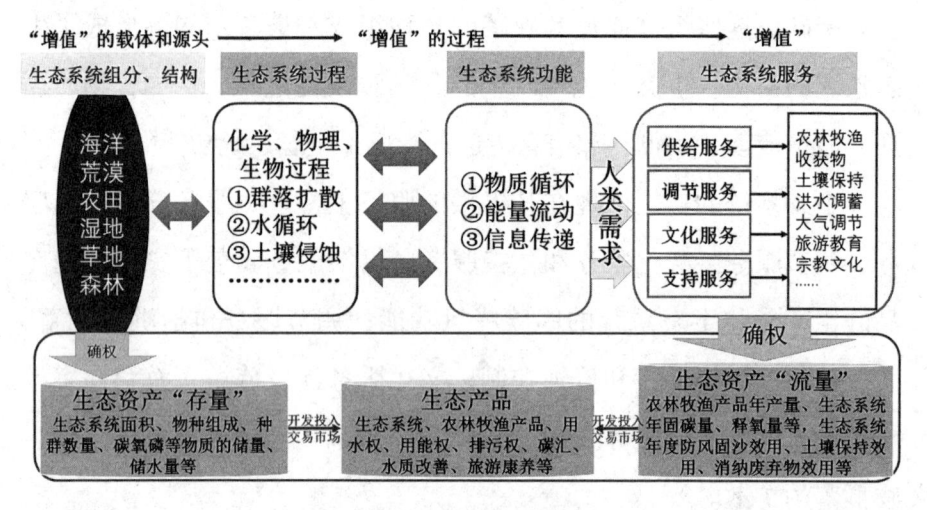

```
"增值"的载体和源头 ─────→ "增值"的过程 ─────→ "增值"
┌──────────┐  ┌──────────┐  ┌──────────┐  ┌──────────────┐
│生态系统组分│  │生态系统过程│  │生态系统功能│  │ 生态系统服务 │
│、结构    │  │          │  │          │  │              │
├──────────┤  ├──────────┤  ├──────────┤  ├──────┬───────┤
│海洋荒漠农 │←→│化学、物理、│←→│①物质循环 │←→│供给服务│农林牧渔│
│田湿地草地 │  │生物过程   │  │②能量流动 │  ├──────┤收获物 │
│森林      │  │①群落扩散 │  │③信息传递 │  │调节服务│土壤保持│
│          │  │②水循环   │  │         │  ├──────┤洪水调蓄│
│          │  │③土壤侵蚀 │  │         │  │文化服务│大气调节│
│          │  │          │  │         │  ├──────┤旅游教育│
│          │  │          │  │         │  │支持服务│宗教文化│
└────┬─────┘  └──────────┘  └─────────┘  └──────┴───────┘
     ↓确权                                        ↓确权
┌──────────────┐        ┌────────────┐      ┌──────────────┐
│生态资产"存量" │        │ 生态产品    │      │生态资产"流量"│
│生态系统面积、 │←开发投入→│生态系统、农 │←开发投入→│农林牧渔产品年│
│物种组成、种群 │ 交易市场 │林牧渔产品、 │ 交易市场│产量、生态系统│
│数量、碳氮磷等 │        │用水权、用能 │      │年固碳量、释氧│
│物质的储量、储 │        │权、排污权、 │      │量等,生态系统│
│水量等        │        │碳汇、水质改 │      │年度防风固沙效│
│             │        │善、旅游康养 │      │用、土壤保持效│
│             │        │等          │      │用、消纳废弃物│
│             │        │            │      │效用等       │
└─────────────┘        └────────────┘      └─────────────┘
```

图 5.1 生态价值增值的过程

实现生态资源的经济价值增值的第一步是由生态资源转化为生态资产。在这一过程中必须对具有生态服务功能的环境要素进行市场化转换,关键在于资源的稀缺性认知及产权界定的明确性,二者共同构筑了生态资产的经济基础。第二步就是实现生态资产的资本化,资本的投入和市场化运作是成为生态产品生产与流通的先决条件。生态资产通过市场机制转化为生态资本,为生态产品的市场流通提供了动力。在这一过程中市场化经营主体是关键,通过创新的组织模式和经营策略,这些主体促进了生态资产的活化和生态产品的市场交易,实现价值的货币化,直观体现了价值的增长。

为了管理和保护生态系统,需要进行开发投入,包括生态系统的建设和维护。此外,生态资产和服务可以通过市场机制进行交易,如通过水权、用能权、排污权和碳汇等。确权过程确保了生态系统服务和生态资产的权益得到合法认可和保护,从而促进生态系统的可持续发展。

第二节 生态价值的支撑

一、生态价值支撑的关键因素

生态价值的实现与维系依赖于一系列关键因素的共同作用。生态系统的完整性与稳定性是生态价值的基石，它为人类和其他生物提供了生存的基础服务。生物多样性的丰富性进一步增强了生态系统的韧性和其提供服务的能力。

可持续利用自然资源是生态价值支撑的另一核心要素，它要求我们在不损害未来代际并满足自身需求能力的前提下，合理开发和利用自然资源。此外，环境政策与法规的制定为生态价值的保护提供了法律框架，确保了人类活动对生态系统的影响处于可控范围。

随着党的十七大报告中首次提出了建设生态文明的目标，强调要实现人与自然和谐共生，推动绿色发展，生态文明的理念正在逐渐成为社会共识，它强调了人与自然的和谐共生，促进了公众环保意识的提升。科技进步在生态保护和资源利用中发挥着至关重要的作用，通过创新提高了资源利用效率，减少了对生态系统的负面影响。

公众参与和环保意识的提高是生态价值实现的社会基础，它动员了社会各界的力量,共同参与生态环境保护。经济激励机制,如生态补偿、绿色税收和环境交易等,为个人和企业提供了采取环保行为的激励。

国际合作与交流在解决全球性生态问题中扮演着重要角色,通过共享信息、技术和资源,加强了全球生态环境保护的协同效应。教育与培训提升了公众对生态价值重要性的认识,培养了负责任的环境管理者和公民。

生态伦理与道德的提升引导了社会对生态保护的道德责任和伦理标准,而生态价值的量化与评估则为我们提供了更好地理解和管理生态系统服务的工具。这些因素相互依存、相互促进,共同构成了生态价值支撑的坚实基础。

文化因素同样也是不可忽视的重要支撑性因素。生态文明的文化建设中也包括了增强全民的环保意识和生态意识,这是推动生态价值实现的重要力量。通过教育和宣传,可以提高公众对生态环境保护的认识,形成爱护生态环境的良好社会风尚。

此外,政策与法规的制定也为生态价值的实现提供了法律保障。政府通过出台相关政策和法律法规,引导和规范社会行为,确保经济发展与生态环境保护相协调,从而促进生态价值的实现。

二、生态价值支撑的相关机制研究

生态价值支撑的相关机制研究涵盖了多方面,包括生态产品价值实现机制、生态价值核算、生态服务市场交易、生态补偿机制等。

根据中共中央办公厅、国务院办公厅印发的《关于建立健全生态产品价值实现机制的意见》，提出了建立健全生态产品价值实现机制的总体要求、工作原则、战略取向和主要目标。该文件强调了保护优先、合理利用的原则，政府主导与市场运作的结合，系统谋划以及稳步推进的策略。

在《生态价值核算与实现机制研究》中，探讨了生态效益与经济效益之间的关系，提出了替代比较法来估算生态效益，并通过市场方式、激励方式等实现生态价值。[①] 其在文章中也提出构建生态系统生产总值核算机制（gross ecosystem product，GEP），以支持生态效益纳入经济社会发展评价体系，并提出了分类化、精准化、常态化的生态价值核算体系。

在《生态产品价值实现研究进展》中，讨论了生态产品价值实现作为解决环境外部性、保护生态系统功能和完整性的重要机制。[②] 中国社会科学院的文章也指出，自党的十八大以来，我国在生态产品产权界定、监测调查、价值核算、经营开发、市场交易等环节的制度保障与技术支撑体系不断完善。

[①] 李周. 生态价值核算与实现机制研究［J］. 山西师大学报（社会科学版），2022, 49 (1)：43-52.
[②] 高晓龙，林亦晴，徐卫华，等. 生态产品价值实现研究进展［J］. 生态学报，2020, 40 (1)：24-33.

第六章

生态价值增值的生态、社会关系、渠道

生态产品价值增值是过程复杂、内容多元的系统工程，必须厘清其生态、社会关系，探索其可拓展渠道，发动全社会广泛参与，以切实提高全社会生态产品供给能力，促进生态产品价值实现。因此，本章从价值链角度系统分析了生态价值增值的生态、社会关系，并从自然资本、社会、文化等角度提出了生态价值的增值渠道。

第一节 生态、社会关系与价值链

生态通常指生物与其环境之间的相互作用和关系，包括生物群落的结构、功能和相互关系，以及它们与非生物环境因素之间的交互作用。生态学是研究生物体与其环境相互作用的科学。

"社会关系"是指个体或群体之间在社会互动中形成的关系，这些关系可以基于血缘、地缘、工作、兴趣等因素。社会关系构成了社会结构的基础，影响人们的行为和社会的运作。

<<< 第六章　生态价值增值的生态、社会关系、渠道

而"价值链"是管理学中的一个概念，由迈克尔·波特（Michael Porter）提出。① 它描述的是企业在设计、生产、销售、发送和辅助其产品的过程中进行的一系列活动的集合体。这些活动可以创造和交付价值给最终用户，并且可以被分为基本活动和辅助活动。

生态系统服务是企业价值链的基石，提供清洁水源、空气和肥沃土壤等自然资源，这些资源对原材料生产至关重要。社会关系在价值链中也起到了润滑剂的作用，信任和合作可以促进供应链管理，提高效率和竞争力。同时，社会关系与生态紧密相连，环境条件的变化影响社会结构，共同的环境挑战可以加强社区的团结和协作。生态价值核算进一步将生态因素纳入企业经济活动，推动资源的可持续利用和环境保护。社会生态学提供了一个框架，让人们认识到价值链不仅是经济活动的一部分，还是社会和生态系统相互作用的产物。"两山"理念强调了生态价值与经济价值的统一，鼓励在保护生态环境的同时促进经济发展，这涉及价值链的绿色转型和升级。因此，生态系统服务、社会关系、生态价值核算和社会生态学视角共同塑造了一个综合的价值链，它不仅关注经济效益，也强调生态和社会的可持续发展。

一、生态系统中的相互依存关系

生态系统是地球上最复杂而精细的网络，它由无数生物和非生物因素交织而成。在这个庞大的系统中，每一个组成部分都与其他

---

① 波特. 竞争优势 [M]. 陈丽芳, 译. 北京: 中信出版社, 2014: 19-25.

部分紧密相连，形成了一个相互依存的复杂网络。这种相互依存不仅体现在物种之间的直接相互作用上，还涉及能量流动、物质循环，以及生物与非生物环境之间的复杂联系。

　　生态系统中的生物多样性是维系生态平衡的关键。生物多样性的丰富性使生态系统能够适应环境变化，抵抗疾病和害虫的侵袭。每种生物都在生态系统中扮演着特定的角色，它们之间的相互作用和依赖关系构成了生态系统的复杂性。例如，植物通过光合作用固定大气中的二氧化碳，为其他生物提供食物和氧气；而动物则通过呼吸作用释放二氧化碳，形成了一个闭环的碳循环。

　　食物链和食物网是生态系统中物种相互作用的直观表现。从生产者到消费者，再到分解者，每一个环节都是相互依存的，如图6.1所示。任何一个环节的破坏都可能导致整个系统的不稳定。例如，如果某个捕食者种群数量减少，那么它的猎物种群可能会过度繁殖，进而影响更低营养级的植物。

　　能量流动和物质循环是生态系统中相互依存关系的另一个重要方面。能量从太阳开始，通过食物链逐级传递，最终以热量的形式散失，如图6.2所示。物质如水、碳、氮等在生态系统中循环，生产者（植物）需要从土壤中吸收这些养分，而动物的排泄物又为土壤提供了肥料，这些循环过程体现了生态系统中生物和非生物成分的相互依存。

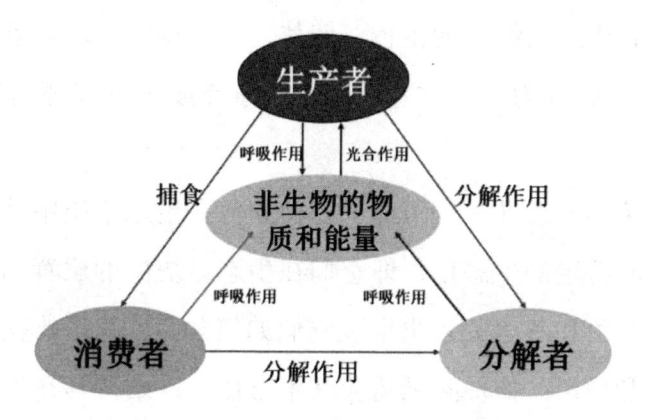

图 6.1 生态系统中各成分之间的关系

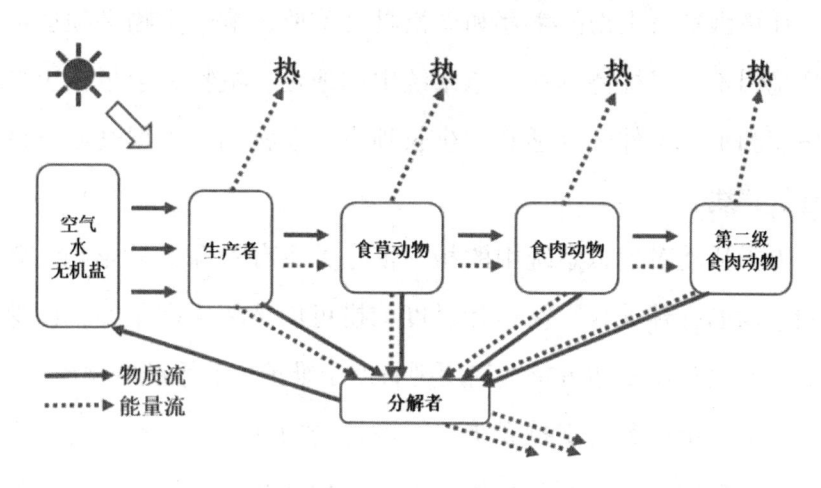

图 6.2 生态系统的物质循环和能量流动

"生态位"（ecological niche）是生态学中的一个基本概念，指一个物种在生态系统中所处的地位和角色，包括该物种为了生存和繁衍所利用的资源，以及其与其他生物和环境因素之间的相互作用。它不仅包括物种的空间位置，还包括其在时间上的行为模式、所需的环境条件、食物来源、繁殖习性等。生态位的概念也用于描述非生物因素在生态系统中的角色，例如，一个特定的环境条件或资源组合也可以被视为一个"生态位"，等待被适应该环境的物种所占据。

生态位的概念进一步阐释了物种如何在生态系统中共存。每个物种都有其特定的生态位，即它们在生态系统中的位置和角色。物种之间的竞争和共生关系决定了它们如何共存，并影响整个生态系统的健康和稳定。物种必须适应其生态位，以维持其在生态系统中的地位。

环境因素对生物的生存和繁衍具有重要影响。生物必须适应这些环境因素，以维持其在生态系统中的地位。植物就会根据土壤的酸碱度和水分条件选择适宜的生长地点，动物则会根据气候条件选择迁徙路线。

人类活动对生态系统中的相互依存关系有着深远的影响。破坏性的活动如森林砍伐、污染和过度捕捞可以破坏生态平衡，而保护性措施如生态恢复和可持续利用则有助于维护生态系统的健康。

生态系统服务是支持和维持人类社会的基础。生态系统提供的服务，如净化空气、调节气候、提供食物和休闲场所等，是人类社会不可或缺的。这些服务体现了人类与自然生态系统之间的相互依存关系。我们必须认识到这些相互依存关系的重要性，并采取行动来保护和恢复生态系统。

保护生态系统中的相互依存关系对于实现可持续发展至关重要。不仅需要人们理解生态系统的运作机制，还应该采取科学合理的管理措施，以确保生态系统的健康和人类的长远福祉。

生态系统中的相互依存关系是维系地球生命共同体的纽带。从生物多样性到食物链，从能量流动到物质循环，从生态位到环境适应，再到人类活动的影响，每一个环节都是生态系统健康的关键。人们必须认识到这些相互依存关系的重要性，并采取行动来保护和恢复生态系统，以确保地球生命共同体的繁荣和人类的可持续发展。

二、生态系统价值链的特征

在当今世界，随着环境问题的日益严峻和可持续发展理念的深入人心，"生态价值链"的概念应运而生。以承德市森林生态系统服务价值的研究为例，其构建的网络结构深刻体现了生态系统价值链的复杂性和动态性。这个网络不仅捕捉了不同区域的直接联系，也揭示了生态系统服务价值在空间上的溢出效应，从而形成了一个多维度、多层次的价值链。

第一，生态系统价值链的特征表现在网络的节点多样性上。每个节点，即承德市的不同区县，都以其独特的自然资源禀赋和经济社会条件，提供着不同类型的生态系统服务。这些服务包括但不限于水源涵养、气候调节、生物多样性保护、土壤保持等，它们共同构成了生态系统服务的基础层。

第二，网络中的连线，即区县间的相互作用，揭示了生态系统服务价值的传递和依赖关系。这些连线不仅反映了服务的直接提供，也体现了服务价值的间接影响，如一个区域的森林覆盖率增加可能会提高周边区域的空气质量，从而提升整个区域的生态系统服务价值。

第三，网络结构的动态变化揭示了生态系统价值链的演进。随着时间的推移，一些区域的服务价值在网络中的地位发生了变化，有的区域可能因为生态保护措施的加强而成为服务价值的净提供者，而有的区域可能因为开发压力的增加而成为服务价值的净接受者。这种变化反映了生态系统价值链的适应性和可塑性。

第四，网络分析还揭示了生态系统价值链的驱动因素。社会经济因素如地区生产总值（gross domestic product，GDP）、城镇化率，以及自然地理因素如年降水量、年均温等，都对生态系统服务价值的溢出效应产生了显著影响。这些因素的变化直接影响着生态系统服务价值的生成、流动和实现，从而推动或抑制了价值链的发展。

第五，网络结构的分析结果为政策制定提供了重要依据。通过识别网络中的关键节点和连线，可以更有针对性地制定生态保护和补偿政策，优化生态系统服务价值的分配和利用，促进生态系统的可持续发展。

据此可知承德市森林生态系统服务价值的网络结构可以为大众提供一个理解和分析生态系统价值链的新视角，也为实现生态系统服务价值的最大化和可持续利用提供了科学依据和策略指导。

第二节 生态价值的增值渠道

本书在这里深入探讨了生态价值的增值过程，将其细化为两个主要方面：自然因素和社会经济因素，如图 6.3 所示。

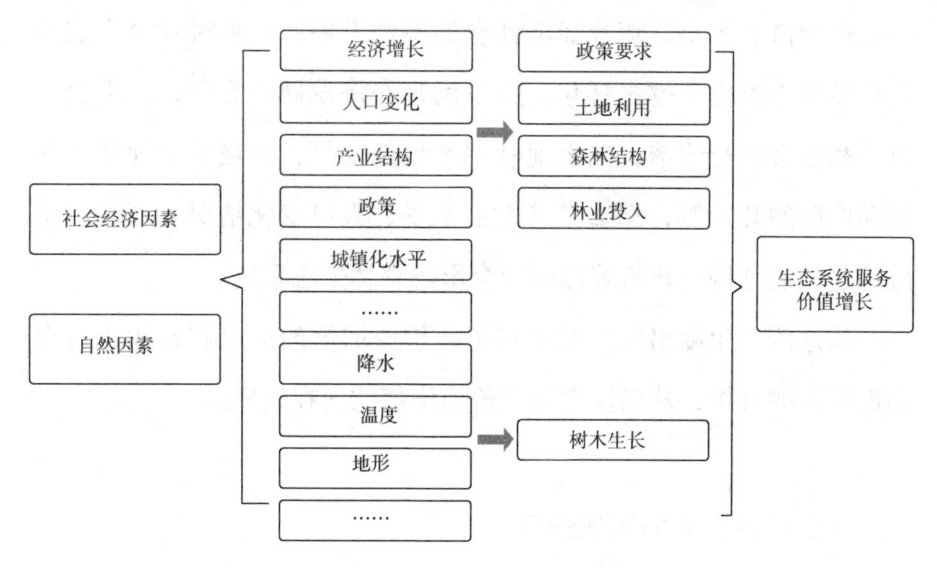

图 6.3　生态系统服务价值增值过程

首先，自然资本的增值过程是指自然资源和生态系统服务的增加，这些服务包括清洁空气、水、土壤肥力，以及生物多样性等。随着自然资本的增值，生态系统的稳定性和生产力得以提高，为人类社会提供了更多的物质和非物质利益。

其次，社会经济因素主要包括经济增长、人口变化、产业结构、政策，以及城镇化水平等方面，这些因素能够以不同的路径影响人们的游憩需求、生态系统结构、土地利用方式及政府及社会对于农林业的投入，进而影响生态系统服务价值。

以承德市森林系统为例，其生态服务价值的大小受多重因素影响，自然因素如光照、热量、地形和土壤等，都在很大程度上决定了森林的生长状态，从而对其生态服务价值产生深远影响。此外，社会经济因素同样不可忽视，它们也在一定程度上影响森林生态系统服务价值的大小。随着经济社会的不断发展，人类对森林生态系统产品的需求越来越多样化。为了满足经济发展的需要，人类会对自然和社会进行改造，如土地利用类型的变化，加强对土地利用深度和广度的开发等，那么经济发展水平、人口变化情况、新兴技术应用、产业结构及政策等都可能会影响森林生态系统。

从这两个角度出发，能够对生态价值增值的渠道和作用进行全面而深入的分析，从而探究生态价值增值的内在逻辑。

一、自然因素的增值途径

自然资本，包括自然资源和生态系统服务，是经济社会发展的基础。自然资本的增值意味着提升这些资源和服务的价值，以支持可持续发展。[1] 实现这一目标的核心在于通过多种途径来平衡经济增长与生态环境保护的关系。

生态系统的保护与恢复是增值自然资本的首要步骤。通过设立自然保护区、恢复退化的生态系统、保护生物多样性，来维持生态系统的自我修复能力，确保其持续提供清洁空气、水、土壤等基本服务。这些服务是自然资本价值的直接体现，对人类福祉至关重要。可持续资源管理是第二步，这要求有关部门对水资源、土地、森林和海洋等资源进行合理规划和利用。通过科学的管理计划和严格的

---

[1] 戴利. 生态经济学：原理和应用 [M]. 第二版. 金志农，译. 北京：中国人民大学出版社，2014：316-320.

监管措施，可以避免资源的过度开发和浪费，实现资源的可持续利用，从而为自然资本的长期增值奠定基础。

生态农业和有机耕作的有机结合是增值自然资本的另一条途径。这些方法通过减少化学肥料和农药的使用，增加生物多样性，改善土壤结构，提高土壤肥力，不仅提升了农业生产的可持续性，还增强了农业生态系统的服务功能，为社会提供了更健康、更安全的食品。

此外，生态旅游与环境教育在提升自然资本价值方面也发挥着重要作用。生态旅游通过促进对自然景观和文化遗产的保护，为当地社区创造了经济收益，同时增强了公众对自然保护的意识。环境教育则通过提高公众对自然资本价值的认识，促进了社会对环境保护的支持，为自然资本的增值提供了社会基础。

绿色基础设施的建设，如城市绿地、湿地公园、绿色屋顶等，不仅能够提供休闲空间，改善城市微气候，还能减少洪水风险，净化空气和水质，提升城市居民的生活质量。这些设施是自然资本增值在城市环境中的具体体现，展示了自然资本与人类活动和谐共存的可能性。

绿色金融与投资是推动自然资本增值的另一大动力。绿色金融通过引导资金流向环保项目和可持续实践，促进了环保技术和项目的实施。这不仅有助于减缓气候变化，还能提高生态系统服务的价值，为自然资本的增值提供资金支持。生态补偿机制通过经济手段来保护和恢复生态系统，为那些提供生态系统服务的个人或社区提供经济激励。这种机制有助于平衡经济发展与生态保护之间的关系，确保自然资本的持续增值。

循环经济模式通过减少废物、再利用和回收资源，减少了对新自然资源的需求，提高了现有自然资本的利用效率。这种模式鼓励我们在生产和消费过程中更加注重资源的循环利用，从而实现经济与环境的双赢。科技创新与研发在自然资本增值中扮演着关键角色。新技术的应用不仅可以提高资源的利用效率，还能帮助我们更好地理解和管理自然资本。例如，遥感技术可以用于监测森林覆盖变化，精准农业技术可以在提高作物产量的同时减少资源浪费。

从承德森林生态系统服务价值变化的例子可知，自然地理条件在其中起到了积极的作用。年均温和年降水量的正面影响通过了统计检验，显示适宜的气候条件对森林生态系统的生长和生态平衡至关重要。适宜的年均温促进了森林植被的光合作用和生产力，而充足的降水则维持了生态系统的水分平衡和生物多样性，从而增强了森林提供生态服务的能力。通过这个结论，可以明确，良好的自然条件有助于增加生态系统服务的价值。

二、社会经济因素的增值作用

生态价值的增值不仅关乎环境保护和可持续发展，也是社会和文化进步的体现。社会经济因素主要包括 GDP、城镇化率、人口密度等，对生态系统服务价值具有显著的影响。GDP 作为衡量经济发展水平的指标，其增长往往伴随着对自然资源的更大需求和利用，从而可能增加了对森林生态系统服务的需求，推动了与生态旅游、休闲等相关产业的发展。

城镇化率的提升代表了城市化进程的加快，这通常伴随着城市人口的增加和对生态空间的需求增长。城镇化率的提高可能会导致对生态资源的过度开发，减少植被覆盖率，进而影响生态系统的服务功能。但同时，城镇化也促使人们对高质量生态环境的需求增加，这推动了生态保护意识的提高和生态保护政策的实施，在一定程度上有助于提升生态系统服务的价值。

人口密度的增加直接关联到人类活动对生态系统的影响。人口增长可能会加剧对生态资源的利用压力，但同时也可能促进对生态环境保护的公共意识和政策支持，因为更多的人口意味着更大的社会力量可以动员起来支持生态保护措施。

此外，社会经济因素还通过影响土地利用模式、产业结构调整和政策制定等途径间接影响生态系统服务价值。例如，随着经济的发展，可能会有更多的资源被投入生态保护和恢复项目，这有助于提高生态系统的质量和功能，从而增加其服务价值。同时，政策因素，如环保法规和生态补偿机制的建立，对调节社会经济活动和保护生态系统服务具有重要作用。

经过分析可知社会经济因素在生态系统价值链中扮演着复杂的角色，它们既可能带来生态系统服务价值的增加，也可能造成价值的减少。理解这些因素如何影响生态系统服务价值对于制定有效的生态保护和可持续发展策略至关重要。通过科学的管理和政策引导，可以最大化社会经济因素对生态系统服务价值的正面影响，同时减少其潜在的负面影响。

以对承德森林生态系统服务价值变化的原因进行质量保证计划（QAP）回归分析为例可知，社会经济因素对生态系统价值链的影响是显著且复杂的。GDP 的增长，其标准化回归系数为 -0.6102，在 10% 的显著性水平下，表明经济增长与森林生态系统服务价值的溢出效应之间存在负相关关系。这一结果意味着，GDP 的快速增长，可能会伴随着资源密集型和劳动密集型企业的发展，进而增加了对自然资源的需求和消耗。这种发展模式往往以牺牲生态环境为代价，导致森林覆盖率下降、生态系统服务功能退化，如水源涵养、气候调节和生物多样性保护等服务价值的减少。城镇化率的提升，其标准化回归系数为 -1.0615，同样在统计上显著，表明城镇化进程对森林生态系统服务价值也产生了抑制作用。城市化带来的土地资源需求增加、环境污染和生态破坏，以及人类活动的干扰，均对森林生态系统的完整性和稳定性构成威胁。

这个例子的结果揭示了社会经济因素在塑造森林生态系统服务价值网络中的复杂作用。经济增长和城镇化进程可能对生态系统服务价值产生负面影响，强调在追求经济发展的同时，需要平衡生态保护和环境治理，以确保生态系统服务价值的可持续性和溢出效应的最大化。

第三节 生态网络与价值流动

价值流动原本是一个经济学概念，不具备自然上的形态。但是经济社会的发展，使价值能够在多种不同的经济部门之间流动，各条价值流之间通过交换关系构成错综复杂的复杂网状结构。人类活动在促进生态系统生态物质流、能量流向经济物质流、能量流转化的同时，使人类劳动凝聚在其中形成了价值流，并在循环中不断增值。在生态网络中，生态产品价值的流动是一个多层次、多阶段的复杂过程，涉及生态系统服务的生成、人类活动的影响以及价值的转化和实现。

生态系统服务是生态网络中价值流动的基础。这些服务包括供给服务如食物和水，调节服务如气候和水文循环，以及文化服务如休闲和精神享受。这些服务在生态网络内部以能量和物质的形式流动，支持着生物多样性和生态系统的完整性。

人类活动对生态网络中价值流动的影响显著。农业、林业、渔业等产业活动直接从生态系统中提取资源，转化为对人类有用的产品和服务。然而，这些活动如果管理不当，可能会导致生态系统服务的退化。因此，可持续的资源管理和生态保护措施对于维持生态价值的长期流动至关重要。

生态价值的实现和转化涉及经济和社会层面。市场机制在这一过程中扮演着重要角色，通过商品和服务的交易实现价值的货币化。例如，有机食品和生态旅游因其环境友好性而受到消费者的青睐。政策工具如生态补偿和环境税等也为生态价值的实现提供了激励和约束。

生态价值流动的动态性要求采取综合性的管理策略。环境变化和社会需求的发展导致生态网络的结构和功能不断演变。有效的监测、评估和适应性管理是确保生态价值持续流动的关键。跨学科的研究和多方利益相关者的合作也是理解和管理生态价值流动的重要途径。

生态网络中生态产品价值的流动是一个涉及生物、物理、社会和经济多个层面的复杂过程。从生态系统服务的生成到人类活动的转化，再到价值的实现和转化，每一步都对维持生态网络的健康和可持续性起着至关重要的作用。深入理解这一过程对于更好地保护和管理生态系统，确保它们为未来的世代提供持续的价值至关重要。

一、生态网络的结构与动态

生态网络的结构与动态是理解生态系统功能和可持续性的关键。这些网络由相互作用的生物个体、种群、群落，以及它们所依赖的非生物环境组成，形成了一个复杂的、多层次的系统。

（一）生态网络的结构

生态网络的结构可以从多个层面来进行描述，以承德市森林生态系统服务价值的网络分析为例，可以观察到网络中节点之间的价值联系通过连线表示，这些连线的数量不仅反映了区域间的信息联通和资源共享的频次，也是衡量网络溢出效应规模的重要指标。[①] 在研究期间，尽管连线数量有所波动，但整体上显示出一个先下降后上升的趋势，平均网络关系数为 39 个。特别是在 2010 年，网络关

---

① 李艺欣, 张颖. 生态系统服务价值评估及其溢出效应研究: 以承德市森林生态系统为例 [J]. 环境保护, 2023, 51 (22): 47-54.

系数降至36个，这可能与当时经济发展速度较快、环保意识较弱、生态建设相对滞后有关。然而，随着生态文明建设的战略地位提升和绿色产业政策的推动，森林生态系统服务价值网络得到了优化，连线数量开始回升。

网络密度指标进一步揭示了网络中节点之间联系的紧密程度。承德市森林生态系统服务价值的空间网络密度在 0.3272~0.3818，表明虽然各区县间的联系不是特别紧密，但网络的紧密程度在逐年提升。网络密度的这种上升趋势反映了区域间在森林生态系统服务价值方面的互动和溢出效应正在逐步增强。

网络等级度指标则反映了网络中的层级结构和地位，承德市森林生态系统服务价值关联网络的等级度整体较低，表明网络中的层级差异不明显，有利于各区域间的均衡发展和溢出效应的发挥。特别是2005—2020年，网络等级度呈现出下降趋势，这可能与承德市加强森林公园建设和环境政策协同的努力有关。

网络效率指标则与网络的稳定性相关。当前的网络效率为 0.6389，表明网络中存在一定程度的冗余连线，有助于网络的稳定。但2005—2020年，网络效率呈现上升趋势，从 0.5778 上升至 0.6889，这表明网络中的冗余溢出关系在减少，网络的稳定性需要进一步加强。

总体来看，承德市森林生态系统服务价值的网络结构表现出一定的动态性和发展性。随着生态文明建设的深入和政策的推动，网络的连线数量和密度有所提升，等级度下降，显示出网络趋于更加开放和均衡。然而，网络效率的提升也提示我们，为了维持网络的稳定性和促进生态系统服务价值的最大化，未来还需要进一步的政策和措施来优化网络结构，增强各区县间的协同效应。

表6.1 森林关系网络结构特征指标

年份/年	网络密度	网络等级度	网络关联度	网络效率	网络连线/条
2005	0.3818	0.5714	1	0.5778	42
2010	0.3272	0.5714	1	0.6444	36
2015	0.3455	0.3333	1	0.6444	38
2020	0.3636	0	1	0.6889	40

（二）生态网络的动态

生态网络相对稳定的形态结构源于其生物种类，以及种群数量具有一定的垂直或水平的空间配置和发育或季节性的时间分布。但是这种稳定的结构是动态的稳定，其中蕴含动态的能量流动和物质转化。生态网络的动态指随时间变化的生物和非生物组分之间的相互作用和变化。首先，季节性变化，许多生态系统会表现出明显的季节性动态，如植物的生长周期、动物的迁徙和繁殖周期等。其次，自然干扰（如火灾、洪水）和人为干扰（如砍伐、污染）会影响生态网络的结构和功能，而网络的恢复力则是衡量其健康的重要指标。然后生态网络会经历一个从一种状态到另一种状态的演替过程，这可能是由内在生态过程或外部环境变化驱动的。生物个体和种群会在环境变化中做出适应性的变化，如行为改变、生理调整和进化等，都会从不同程度上影响网络的动态。最后，人类活动的影响尤其是城市化、工业化、农业扩张等人类活动对生态网络的动态产生了或正面的或负面的深远影响。全球气候变化如物种分布的变化、生态系统服务的变动等都对生态网络的结构和动态产生了广泛的影响。

（三）生态网络的管理和保护

生态网络的管理和保护需要定期监测其结构和动态，评估其健康状况和变化趋势。并根据监测和评估的结果，及时采取适应性管理措施，以应对环境变化和人类活动的影响。尤其对于如植被恢复、栖息地重建等受损的生态网络，要重点采取生态恢复措施。并保护物种多样性和遗传多样性，来维持生态网络的复杂性和稳定性。在景观尺度上进行规划和管理生态网络，确保不同生态系统之间能够连通和相互作用。同时提高公众对生态网络重要性的认识，并鼓励大众积极参与生态保护和恢复活动。

生态网络的结构与动态是生态系统健康和可持续性的基础。深入理解这些网络的复杂性，对于制定有效的生态保护和管理策略至关重要。随着环境变化和人类活动的影响，生态网络的结构和动态将不断演变，这要求我们采取灵活和前瞻性的管理措施，以确保生态系统的长期稳定和繁荣。

二、价值流动的路径与效率

商品具有使用价值和价值两个属性，生态产品也不例外，那么从生态资源到生态产品的过程就是生态产品使用价值劳动的过程，也是其价值形成的过程。

价值流动的初始阶段就是人类投入劳动开发和利用各自生态资

源的阶段。这一过程包括了生产资料和原材料的购买和储备，国家政策和市场预测，以及指定企业生产计划等信息的准备等。这一阶段也被称为流通阶段。

当劳动者和劳动资料实现融合的时候，价值流动便进入了生产阶段，在这一阶段中，劳动者将消耗的生产资料价值转化到生态产品中。同时，在这一过程中劳动者也消耗了一定的抽象劳动，创造了一定量的新价值，这一部分也可以单独被称作增值阶段。

价值流动的终点是价值的实现，这一阶段的价值是伴随人类在生产生态产品中的使用价值的在生态产品流通中实现交换而实现的。整个生态网络的价值流动是经历了流通—生产—流通这样三个阶段，价值增值、物质循环和能量传递在价值流动的过程中融为一体。

从生态产品价值实现机制入手进行生态产品价值流动的分析研究，可以看出生态产品价值实现机制是生态文明领域全面深化改革的一项重大制度安排，旨在探索政府主导、企业和社会各界参与、市场化运作、可持续的生态产品价值实现路径。[①] 通过对生态产品的价值进行核算来定量评估生态系统提供的服务，从而了解当前市场的需求和供给能力，确保生态产品的供给与社会需求相匹配。同时要考虑长期的可持续性经营，确保资源的合理利用和循环再生。

准确量化生态系统服务的价值是提升流动效率的第一步。生态系统为人类提供了包括食物、清洁水源、气候调节等在内的诸多服务。通过市场价值法、替代成本法等方法对这些服务进行量化，可

---

① 张二进. 回顾与展望：我国生态产品价值实现研究综述 [J]. 中国国土资源经济, 2023, 36 (4)：51-58, 81.

以为生态价值的货币化和市场化提供基础。同时量化过程中需要考虑生态系统服务的直接和间接价值，以及它们所带来的长期可持续影响。

生态产品供给效率的改善是当前研究的焦点。研究指出，生态产品的供给需要生态环境系统化提升，其修复、整治和管护等需要大量前期投入成本，如何提高生态产品投入产出效率是当前亟须解决的问题。[①] 使用生态效率指标来衡量单位价值的环境影响，例如，每单位销售额或每单位增加值的污染物排放或资源消耗，并可以用它来评估生态价值流动的效率。通过研究我国省区的人均生态福祉及生态—经济效率的时空演变格局来评估生态价值在社会中流动的方式并转化为经济和社会福祉。[②] 以天津市七里海湿地为例，其探索了可持续的生态保护机制，使生态保护成本转化为经济发展行为，使生态效益与社会经济发展实现有机结合。通过生态系统服务功能价值评估方法对湿地生态产品价值进行评估，设计了生态产品价值实现路径并预测了价值转化效率。[③]

保持生态系统的长期健康和可持续性是提升生态价值流动效率的基石。这意味着在利用生态系统服务的同时必须采取措施保护和恢复生态系统，确保其能够持续提供服务。此外，生态系统往往不

[①] 盛蓉. 中国生态产品供给效率改善的影响因素研究：基于技术创新与制度整合双重视角 [J]. 自然资源学报, 2023, 38 (12): 2966-2985.
[②] 臧正, 邹欣庆, 吴雷, 等. 基于公平与效率视角的中国大陆生态福祉及生态—经济效率评价 [J]. 生态学报, 2017, 37 (7): 2403-2414.
[③] YU H, SHAO C F, WANG X J, et al. Transformation Path of Ecological Product Value and Efficiency Evaluation: The Case of the Qilihai Wetland in Tianjin [J]. International Journal of Environmental Research, 2022, 19 (21): 14575.

受行政边界的限制，因此跨区域和跨界合作对于提高生态价值流动效率至关重要。通过国际和地区合作，可以共享最佳实践，协调政策和行动，实现生态系统服务的共同保护和利用。

  生态价值流动是一个多维度的复杂过程，提升其流动效率也是一个跨学科的复杂任务。需要我们在量化生态系统服务价值、完善市场机制、加强政策支持、实现供需匹配、提高信息透明度、促进利益相关者参与、采用技术创新、保持生态系统可持续性，以及加强跨区域合作等方面做出努力。通过综合考虑这些因素并采取相应的策略，可以更有效地实现生态价值的流动，为实现可持续发展目标做出贡献。

第七章

生态价值增值的正外部性和负外部性

外部性是生态产品供给不足的重要原因,生态产品价值实现是解决环境外部性、保护生态系统功能和完整性的重要机制。因此,本章对生态价值增值的正外部性和负外部性的理论、机理进行详细阐述,并利用社会网络分析方法,对承德市各区县间森林生态系统服务价值的溢出效应进行系统分析,探讨其生态价值增值的正外部性,以期为生态产品价值高效实现提供理论依据。

第一节 生态价值增值的正外部性分析

一、生态价值增值正外部性的定义

"正外部性"(positive externalities)是经济学中的一个关键概念,指某个经济活动对第三方造成的非自愿、无偿的正面影响。这一概念在公共经济学、环境经济学和教育经济学中具有重要地位，因为它揭示了市场机制在处理某些社会效益时的不足之处。本书将探讨正外部性的定义、分类以及应对正外部性的经济政策。在经济学中，外部性是指经济主体在进行经济活动时，对他人或社会造成的影响，而这些影响没有通过市场交易得到反映或补偿。外部性可以分为正外部性和负外部性。正外部性是指经济活动对他人或社会产生的积极影响，如教育和公共卫生服务。[1]

正外部性的核心问题在于，这些正面影响没有在市场价格中得到反映，导致市场机制无法有效激励这些活动的供给。例如，个人接受高等教育不仅提高了自身的收入水平，还提升了整个社会的生产力和创新能力，但这些社会效益并未完全体现在教育费用中。因此，市场可能会提供不足的教育资源，造成社会福利的损失。

正外部性可以按照其来源和影响范围进行分类。按照来源划分，正外部性可分为生产性正外部性和消费性正外部性。生产性正外部性是指生产过程中产生的积极影响，如研发活动带来的技术扩散；消费性正外部性是指消费过程中产生的积极影响，如疫苗接种对公共健康的贡献。[2] 按照影响范围，正外部性可分为局部性正外部性和全球性正外部性。局部性正外部性主要影响特定区域或社区，例如，社区绿化带来的环境改善；全球性正外部性则影响整个地球或多个国家，例如，二氧化碳减排对全球气候变化的缓解。[3]

---

[1] 郭庆旺，赵志耘．公共经济学 [M]．北京：清华大学出版社，2006：23-37．
[2] 石敏俊．资源与环境经济学 [M]．北京：中国人民大学出版社，2021：22-31．
[3] 蔡军．公共政策管理 [M]．北京：经济科学出版社，2010：35-46．

<<< 第七章 生态价值增值的正外部性和负外部性

为了应对正外部性，经济学家提出了多种政策工具，主要包括补贴政策、公共供给政策、市场化机制和规制政策。补贴政策是指通过对产生正外部性的活动提供财政补贴，使其社会效益内部化，例如，政府对研发活动提供补贴，以鼓励技术创新和扩散。公共供给政策是指政府直接提供具有正外部性的公共物品和服务，如公共教育和公共卫生服务，以确保其供给水平达到社会最优。市场化机制主要通过如知识产权保护制度，对市场机制下产生的创新和创意提供激励。专利制度允许发明者在一定时间内独占其发明收益，从而激励更多的研发活动。规制政策主要是通过法律和行政手段促进正外部性的产生，例如，强制性教育法规确保了基础教育的普及，提升了全社会的教育水平和人力资本储备。

正外部性是经济活动中常见且重要的问题，它导致资源配置效率低下和社会福利损失。通过合理的政策工具，如补贴、公共供给、市场化机制和规制政策，可以有效应对正外部性，促进资源的合理配置和社会福利的提升。未来的研究应进一步探索正外部性的动态变化及其治理措施的有效性，为实现可持续发展提供科学依据。

生态系统服务是自然生态系统提供的对人类有益的各种功能和效用，包括供给服务、调节服务、支持服务和文化服务。这些服务对人类社会和经济发展具有重要意义。近年来，随着生态环境保护和生态系统恢复工作的推进，生态系统服务的增值类型逐渐显现，特别是其正外部性的表现愈发引人关注。生态价值增值正外部性是指生态系统在其服务功能增强过程中，给社会带来的额外福利和效益，而这些效益没有在市场交易中直接体现出来。

139

生态价值增值正外部性（positive externalities of ecological value-added）指生态系统在其功能和服务水平提高过程中所产生的积极影响和附加价值，这些影响超出了直接受益者的范畴，未能通过市场机制得到完全反映和内部化。① 它包括生态系统服务的直接和间接效益，这些效益不仅对直接使用者有利，同时也对更广泛的社区、区域甚至全球环境和经济产生积极的外部类型。

正外部性在经济学中通常指某个经济活动的进行对其他经济主体带来的无偿好处。具体到生态系统中，这种正外部性则指生态系统的保护、恢复或改善带来的环境和社会效益。例如，森林植被的恢复不仅可以提供木材资源，还能改善空气质量、调节气候、维护生物多样性等，这些都是典型的生态价值增值正外部性。

二、生态价值增值正外部性的特征

生态价值增值正外部性在生态系统服务的提供过程中表现出非排他性和非竞争性、长期性和广泛性、复杂性和多样性、隐蔽性和不确定性等特征。

（一）非排他性和非竞争性

生态价值增值正外部性的一个显著特征是其非排他性和非竞争性。非排他性指某一生态服务的受益者无法被排除在外，非竞争性指一个受益者的使用不会减少其他受益者的使用机会。② 非排他性指

---

① 王毓颖. 我国生态补偿的机制和典型模式研究 [D]. 成都：四川大学，2023.
② 王毓颖. 我国生态补偿的机制和典型模式研究 [D]. 成都：四川大学，2023.

生态系统提供的服务，如清洁空气、气候调节和生物多样性保护等，通常是公共物品，其受益者无法被排除在外。例如，森林的碳汇能力和空气净化功能，所有人都能享受其带来的好处，而无法将某些人排除在外。非竞争性指生态系统服务的使用通常不会减少其他人享用的机会。例如，一片湿地的水源涵养功能，任何人都可以从中受益，而不会因为某些人的使用而减少其他人的使用机会。

（二）长期性和广泛性

生态价值增值的正外部性具有长期性和广泛性的特征，体现在其影响通常在长时间尺度上显现，并且其效益往往跨越广泛的地理区域。[①] 长期性体现在生态系统服务的提供和增值往往需要较长的时间才能显现其全部效益。例如，植树造林和湿地恢复等生态工程项目，其生态效益可能需要数10年甚至更长时间才能完全体现出来。广泛性体现在生态价值增值的效益通常不局限于项目所在地，而是会扩展到更广泛的区域。例如，森林的碳汇能力不仅对当地气候有调节作用，还对全球气候变化有积极影响。

（三）复杂性和多样性

生态价值增值正外部性的复杂性和多样性体现在其产生的生态效益涉及多种生态过程和服务类型，不同类型的服务之间往往存在相互依赖和互补关系。[②] 复杂性体现在生态系统服务的增值过程涉

---

① 胡世辉. 工布自然保护区森林生态系统服务功能及可持续发展研究［D］. 北京：中国农业科学院研究生院，2010.
② 刘玉龙，马俊杰，等. 生态系统服务功能价值评估方法综述［J］. 中国人口·资源与环境，2005，15（1）：88-92.

多个生态过程和多种生态因子。例如，湿地恢复不仅有助于水源涵养，还涉及生物多样性保护、污染物过滤和气候调节等多种服务的综合作用。多样性体现在不同生态系统和不同类型的人类活动所产生的正外部性各不相同。例如，森林生态系统的主要正外部性包括碳汇和空气净化，湿地生态系统则更多体现在水资源管理和生物栖息地保护。

（四）隐蔽性和不确定性

生态价值增值的正外部性往往具有隐蔽性和不确定性的特征，使其识别和量化较为困难。隐蔽性体现在许多生态系统服务的正外部性在日常生活中不易被直接感知。[①] 例如，湿地的水质净化功能和气候调节作用，往往不容易被公众和政策制定者直接观察到，从而忽视其重要性。[②] 不确定性体现在生态系统服务的提供和增值过程充满不确定性，受多种自然和人为因素的影响。例如，气候变化、土地利用变化等都会对生态系统服务的提供产生不确定性，使其效益难以精确预测。

生态价值增值正外部性具有非排他性和非竞争性、长期性和广泛性、复杂性和多样性，以及隐蔽性和不确定性等特征。这些特征使生态系统服务的提供和管理充满挑战，同时也凸显了其重要性和价值。为了更好地理解和管理这些正外部性，需要在科学研究、政

[①] 顾向一，徐茹娴. 长江经济带水生态环境治理区域协同立法的检视及完善途径 [J]. 水利经济，2024，42（2）：14-25.
[②] 崔保山，杨志峰. 湿地生态系统健康评价指标体系 [J]. 生态学报，2002，22（7）：1005-1011.

策制定和公众教育等多个层面上采取综合措施。通过深入分析这些特征，可以为生态系统服务的保护和增值提供更为科学和系统的理论基础。

三、生态价值增值正外部性的类型

生态价值增值正外部性在生态经济学和环境科学研究中占据重要地位。正外部性是指某一行为或过程在没有得到直接补偿的情况下，给其他个体或社会带来的积极类型。在生态系统服务的增值过程中，这些正外部性体现为环境改善、气候调节、生物多样性保护、水资源管理和社会文化等多种类型。这些类型不仅提升了生态系统的健康和稳定性，也对人类社会和经济发展产生了积极影响。本书将具体阐述生态价值增值正外部性的几种主要类型，并结合实际案例进行说明。

（一）环境改善类型

环境改善类型是生态价值增值正外部性的一个重要类型，主要包括空气质量改善、土壤保护和水质净化等方面。空气质量改善指植被增加通过光合作用吸收二氧化碳并释放氧气，有助于降低空气中有害气体的浓度。例如，城市绿化和森林恢复项目可以有效减少空气污染物，提高城市和周边地区的空气质量。[1] 此外，树木和植被还可以通过拦截和吸附空气中的颗粒物，进一步净化空气。植被覆

---

[1] 彭新德. 长沙城市绿地对空气质量的影响及不同目标空气质量下绿地水量平衡研究[D]. 长沙：中南大学，2014.

盖有助于防止土壤侵蚀，保持土壤结构和肥力。森林和草地等生态系统通过其根系固持土壤，减少水土流失，防止土壤退化。例如，黄土高原地区的植树造林工程显著减少了土壤侵蚀，提高了土地的生产力和生态系统的稳定性。[①] 水质净化指湿地和植被通过过滤和吸收水中的污染物，有效净化水质。例如，湿地生态系统能够通过其独特的植物和微生物群落，吸收和降解水中的氮、磷等营养物质，减少水体富营养化，提高水质。[②]

（二）气候调节类型

气候调节类型是生态系统通过调节大气成分和温度，对全球和区域气候产生的积极影响。碳汇功能指森林、湿地和草地等生态系统通过光合作用吸收大气中的二氧化碳，将其储存在植物体和土壤中，进而减缓全球气候变化。[③] 例如，亚马孙雨林被称为"地球之肺"，其巨大的碳汇能力对全球气候调节具有重要意义。温度调节主要体现在植被覆盖通过蒸腾作用和遮阳作用，调节局部气候，降低城市热岛效应。城市绿地和森林能够通过吸收太阳辐射和蒸腾降温，缓解城市中的高温天气，提高居民的生活质量和舒适度。[④] 水循环调节指生态系统通过其植被和土壤的水分吸收和释放，调节区域水循

[①] 杨阳.黄土高原典型小流域植被与土壤恢复特征及生态系统服务功能评估 [D].咸阳：西北农林科技大学，2019.

[②] 崔保山，杨志峰.湿地生态系统健康评价指标体系 [J].生态学报，2002，22（7）：1005-1011.

[③] 靳芳，鲁绍伟，等.中国森林生态系统服务价值评估指标体系初探 [J].中国水土保持科学，2005，3（2）：5-9.

[④] 孙志高，张志强，李国华，等.城市绿地对区域温度调节的作用研究 [J].生态环境学报，2013，22（4）：654-661.

环，减少洪涝和干旱等极端天气事件的发生。例如，湿地恢复项目可以通过提高水体储存能力和调节水流，减少洪水风险，增强区域水资源的稳定性。①

(三) 生物多样性保护类型

生物多样性保护类型是指生态系统通过提供栖息地和食物资源，维护和增加物种多样性，提升生态系统的稳定性和韧性。栖息地提供指健康的生态系统为多种生物提供了适宜的栖息环境。例如，热带雨林和珊瑚礁等生态系统拥有丰富的物种多样性，为大量动植物提供了栖息地和繁殖场所。这些生态系统的保护和恢复对全球生物多样性的维护具有重要作用。② 食物链维护指生态系统通过复杂的食物链关系，维持生物种群的平衡和稳定。植物、动物和微生物之间的相互作用构成了稳定的生态网络，任何一个物种的减少或灭绝都会对整个生态系统产生连锁反应。通过保护和恢复生态系统，可以有效维护和促进食物链的健康运转。③ 基因多样性指生物多样性保护还包括基因多样性的维护。丰富的基因多样性为物种的适应和进化提供了基础，有助于生态系统在面对环境变化和压力时保持韧性和适应力。例如，保护野生种群和栖息地可以保存大量的基因资源，

---

① 孙志高，牟晓杰，陈小兵，等. 黄河三角洲湿地保护与恢复的现状、问题与建议[J]. 湿地科学，2011，9 (2)：107-115.
② 张学忠，李晓东，吴志成，等. 森林生态系统的栖息地功能及其保护对策 [J]. 生态学报，2012，32 (11)：3509-3518.
③ 杨小波，赵敏，李勇. 生态系统服务与生物多样性保护 [J]. 生物多样性，2011，19 (3)：248-256.

为未来的农业和生物技术发展提供潜在资源。①

（四）水资源管理类型

水资源管理类型是指生态系统通过涵养水源、调节水量和净化水质，有效管理和利用水资源，减少水资源短缺和自然灾害风险。涵养水源指森林和湿地等生态系统通过其植被和土壤结构，有效涵养水源，增加地下水补给。例如，森林通过其根系吸收和存储降水，逐渐释放到地下水系统中，提高水资源的可用性和稳定性。② 调节水量指生态系统通过其植被和水体，调节地表和地下水的流量，减少洪涝和干旱等极端天气事件的影响。例如，湿地通过储存和缓释洪水，减少洪水的破坏力，保护下游区域的安全。③ 净化水质指湿地和植被通过其过滤和吸收作用，有效净化水质，减少污染物对水体的影响。④ 例如，湿地中的植物和微生物能够吸收和分解水中的有害物质，提高水质，减少水体污染。

（五）社会文化类型

社会文化类型是指生态系统通过其自然景观和生态环境，为人类提供丰富的文化、教育和休闲资源，提升社会整体福祉。生态旅游指健康的生态系统和美丽的自然景观吸引大量游客，带动生态旅

---

① 霍丽云. 基因多样性：生物多样性保护的重要任务 [J]. 中国人口·资源与环境，2000, 10 (A2): 135-136.
② 郭忠升，邵明安. 雨水资源、土壤水资源与土壤水分植被承载力 [J]. 自然资源学报，2003, 18: 522-528.
③ 阎水玉，杨培峰，等. 长江三角洲生态系统服务价值的测度与分析 [J]. 中国人口·资源与环境，2005, 15 (1): 93-97.
④ 曹景华，王志秀，王学义. 黄河三角洲实施"生态湿地恢复工程" [J]. 走向世界，2004 (2): 39-40.

游的发展。生态旅游不仅为当地经济带来收入,还促进了环境保护和生态教育。例如,国家公园和自然保护区通过保护自然景观和生态环境,吸引了大量游客,带动了当地经济发展,增加了就业机会。① 环境教育指生态系统为公众提供了宝贵的环境教育资源。通过实地考察和体验,自然教育项目能够提升公众的环境意识和生态知识。例如,湿地公园和森林保护区通过组织教育活动和生态体验,增强了公众对生态保护的认知和参与度。② 文化景观指自然景观和生态环境是重要的文化资源,为人类提供了丰富的文化和精神享受。例如,森林、湖泊和山川等自然景观不仅具有生态价值,还具有重要的美学和文化价值,提升了人们的生活质量和精神享受。③

生态价值增值正外部性的类型多种多样,包括环境改善类型、气候调节类型、生物多样性保护类型、水资源管理类型和社会文化类型。这些类型不仅提升了生态系统的健康和稳定性,也对人类社会和经济发展产生了积极影响。然而,这些正外部性类型往往难以通过市场机制得到充分反映和内部化,需要政府和社会各界的共同努力,通过政策支持、公众参与和科学研究,推动生态价值增值,实现可持续发展目标。

---

① 王晓东,陈斌,张勇,等.生态旅游发展对当地经济和环境的影响[J].旅游学刊,2015,30(4):85-95.
② 李永健,张敏,周丽娟.环境教育在生态保护中的作用[J].环境保护,2014,42(2):82-88.
③ 杨俊,刘小芳,赵敏.自然景观在文化景观保护中的作用[J].文化遗产,2019,2(3):98-104.

第二节 生态价值增值的负外部性分析

一、生态价值增值负外部性的定义

"负外部性"（negative externalities）是经济学中的一个重要概念，指某个经济活动对第三方造成的非自愿、无补偿的损害。这一概念在环境经济学、公共经济学和资源经济学中尤为重要，因为它揭示了市场机制在处理某些社会成本和效益时的失灵之处。本书将探讨负外部性的定义、分类，以及应对负外部性的经济政策。

在经济学中，外部性是指经济主体在进行经济活动时，对他人或社会造成的影响，而这些影响没有通过市场交易得到反映或补偿。外部性可以分为正外部性和负外部性。正外部性是指经济活动对他人或社会产生的积极影响，例如，教育和疫苗接种。而负外部性则指经济活动对他人或社会产生的消极影响，如环境污染和噪声污染。[1] 负外部性的问题在于，这些不利影响没有在市场价格中得到反映，导致市场机制无法有效分配资源。例如，一家工厂排放的废气对周围居民健康造成损害，但工厂在其生产成本中并未包括这些社会成本。因此，工厂可能会生产过多的产品，造成资源浪费和社会福利的损失。

---

① 左玉辉. 环境经济学导论 [M]. 北京：中国人民大学出版社，2003：46-48.

负外部性可以按照其来源和影响范围进行分类。按照来源，负外部性可分为生产性负外部性和消费性负外部性。生产性负外部性是指生产过程中产生的不利影响，如工业污染；消费性负外部性是指消费过程中产生的不利影响，如汽车尾气排放。按照影响范围，负外部性可分为局部性负外部性和全球负外部性。局部性负外部性主要影响特定区域或社区，例如，某个工业区的水污染；全球负外部性则影响整个地球或多个国家，例如，温室气体排放引起的全球变暖。

为了应对负外部性，经济学家提出了多种政策工具，主要包括税收政策、补贴政策、市场化机制和规制政策。税收政策即"庇古税"（pigovian tax），通过对造成负外部性的活动征税，使其社会成本内部化。例如，碳税通过对碳排放征税，促使企业减少排放，保护环境。补贴政策是指对减少负外部性的行为提供补贴。例如，政府对使用清洁能源的企业提供补贴，以减少化石燃料的使用。市场化机制主要是指如排放权交易制度，通过市场机制将排放权作为一种商品进行交易，激励企业减少污染。典型的例子是欧盟碳排放交易体系（EU-ETS）。规制政策主要是通过法律和行政手段直接限制或禁止某些负外部性的活动。例如，环境保护法规定了严格的排放标准和处罚措施，强制企业减少污染。

负外部性是经济活动中常见且重要的问题，它导致资源配置效率低下和社会福利损失。通过合理的政策工具，如税收、补贴、市场化机制和规制政策，可以有效应对负外部性，促进资源的合理配置和社会福利的提升。未来的研究应进一步探索负外部性的动态变化及其治理措施的有效性，为实现可持续发展提供科学依据。

生态价值增值通常被视为一项正面效应，强调生态系统服务的增强和其带来的各种环境、经济和社会效益。然而，在实际操作和管理中，生态价值增值过程也可能伴随某些负外部性。这些负外部性不仅影响生态系统的健康和稳定，还可能对人类社会和经济发展带来不利影响。因此，深入研究生态价值增值的负外部性，对于全面理解生态系统服务及其管理具有重要意义。

生态价值增值负外部性（negative externalities of ecological value-added）是指生态系统在其服务功能提升过程中，所产生的不利影响和附加成本。这些影响和成本未能通过市场机制得到完全反映和内部化，通常由社会或环境承受。这些负外部性包括生态系统内部的健康问题、环境污染、资源过度利用等，也涵盖对人类社会经济活动的干扰和冲击。

负外部性指某个经济活动的进行对其他经济主体造成的无偿损害。同样，生态价值增值负外部性则是生态系统在其保护、恢复或改进过程中，可能导致的负面影响和成本。例如，大规模植树造林项目可能引发的水资源竞争、土壤盐碱化等问题，就是典型的生态价值增值负外部性。

二、生态价值增值负外部性的特征

生态价值增值负外部性指在生态系统服务的增值过程中，对环境、经济和社会产生的负面影响。这些负外部性往往具有隐蔽性和滞后性、累积性和区域性、复杂性和多样性，以及难以量化和内部化等特征。

（一）隐蔽性和滞后性

生态价值增值负外部性的隐蔽性和滞后性表现的负面影响在早期阶段往往不易察觉，只有在问题积累到一定程度后才会显现。例如，生态工程项目在初期可能只展示出其积极类型，但随着时间的推移，其负面影响逐渐显现。[①]隐蔽性体现在负外部性常常被忽视或低估，因为它们可能隐藏在复杂的生态过程和时间跨度之中。例如，某些植被恢复项目可能在短期内看似成功，但由于选择了不适宜的植物种类，长期会导致土壤盐碱化和生物多样性降低。滞后性体现在负外部性往往在时间上滞后显现，例如，土地开发项目可能在初期带来经济增长，但数年或数十年后，会导致生态系统退化、水资源枯竭和土壤侵蚀等问题。这种滞后类型使负外部性的管理和预防变得更加困难。

（二）隐蔽性和滞后性

生态价值增值负外部性的累积性和区域性特征表现为负面类型随时间和空间的积累和扩散。累积类型意味着负外部性会逐步叠加，而区域性则指其影响范围可能超越局部，波及更广的地区。[②] 累积性体现在生态系统的负外部性常常是逐步累积的。例如，过度放牧和不合理的土地利用导致的土地退化现象，需要长时间的累积过程。

---

① 彭新德. 长沙城市绿地对空气质量的影响及不同目标空气质量下绿地水量平衡研究 [D]. 长沙：中南大学，2014.
② 李勇，张伟. 区域环境问题的累积性及其应对策略 [J]. 环境保护，2015，42（5）：82-88.

生态系统一旦受到破坏，其恢复往往需要更长的时间和更多的资源。区域性体现在某一地区的生态系统问题可能会扩展至邻近区域，甚至对整个区域生态环境产生影响。例如，森林砍伐不仅直接影响局部地区，还会通过改变水文条件和气候模式，影响下游和周边地区的生态系统。

（三）复杂性和多样性

生态价值增值负外部性的复杂性和多样性体现在负面类型的多层次、多维度和多方面的表现上。不同的生态系统和人类活动相互交织，形成复杂的负外部性表现形式。复杂性体现在负外部性问题往往涉及多个生态过程和社会经济因素。例如，农业扩展导致的湿地减少不仅涉及生物多样性的丧失，还包括水资源管理、土壤健康和地方经济等方面的问题。多样性体现在负外部性表现形式多样，不同生态系统和不同类型的人类活动产生的负外部性各不相同。例如，工业污染导致的水体富营养化、农药使用导致的生物多样性损失、城市扩展导致的土地资源紧张等，均表现为不同的负外部性。

（四）难以量化和内部化

生态价值增值负外部性的难以量化和内部化特征，表现在其负面影响难以通过现有的经济手段进行准确评估和有效管理。[①] 难以量化体现在生态系统服务和负外部性的价值评估往往缺乏统一的标准和方法，导致其难以量化。例如，生物多样性丧失的长期生态和经济影响难以用货币衡量，生态系统退化的复杂性也增加了量化的难

---

① 王毓颖. 我国生态补偿的机制和典型模式研究[D]. 成都：四川大学，2023.

度。难以内部化体现在负外部性难以通过市场机制进行有效内部化，即难以通过价格机制反映出其真实成本。例如，企业的环境污染往往未能充分反映在其产品成本中，导致环境保护成本社会化，而企业本身未能承担应有的责任。

生态价值增值负外部性具有隐蔽性和滞后性、累积性和区域性、复杂性和多样性，以及难以量化和内部化等特征。这些特征使负外部性在识别、管理和预防方面面临诸多挑战。为了有效应对这些负外部性，必须在科学研究、政策制定和公众参与等多个层面上采取综合措施。通过深入理解这些特征，可以为制定更加有效的环境管理和政策提供科学依据和实践指导。

三、生态价值增值负外部性的类型

生态价值增值在促进生态系统服务的同时，可能会带来一些负面影响，即负外部性。负外部性的类型多种多样，主要包括环境污染和生态退化、资源过度利用和竞争、生物多样性损失和物种入侵、社会经济冲突和利益分配不均、管理成本和实施难度等。

（一）环境污染和生态退化

生态价值增值过程中，环境污染和生态退化是最直接和显著的负外部性类型。这些问题通常源于人类活动对环境的过度干预和不合理开发利用。在农业扩展和工业发展过程中，化肥、农药和工业废水的排放可能导致水体污染。例如，某些地方在进行大规模农业扩张时，化肥和农药的使用不当会导致地下水和地表水的严重污染。

过度使用化肥和农药不仅污染水源，还会导致土壤退化，影响土壤的肥力和结构，最终导致农业生产力下降。此外，生态工程如湿地恢复和森林修复可能涉及大量的机械操作和运输活动，这些活动会增加空气污染物的排放。例如，湿地恢复项目的机械挖掘和运输会导致施工区域周边空气质量下降。

（二）资源过度利用和竞争

在生态价值增值过程中，不同利益主体之间对有限资源的竞争会导致资源的过度利用和紧缺，这种竞争往往会带来不利的生态和社会影响。水资源竞争是指农业、工业和生态保护对水资源的竞争日益激烈。例如，某些地区在进行大规模农业灌溉项目时，水资源的过度抽取导致下游生态保护区的湿地水位下降，影响湿地生态系统的正常功能。城市扩张和生态保护之间的土地资源竞争也是一种典型的负外部性。例如，城市化进程中的土地开发可能侵占生态保护区，导致自然栖息地的减少和生态系统的破碎化。

（三）生物多样性损失和物种入侵

生物多样性损失和物种入侵是生态价值增值过程中可能产生的严重负外部性，这些问题不仅影响生态系统的稳定性和功能，还可能导致不可逆转的生态破坏。生态工程在实施过程中可能对特定物种产生不利影响，甚至导致其灭绝。例如，大规模的单一种植项目可能破坏原有的生物栖息地，导致某些本地物种的灭绝。[1] 过度利用

---

[1] 桂小杰，葛汉栋，张琛. 湖南森林和湿地生态系统的恢复与水资源保护［J］. 湖南林业科技，2003，30（1）：9-12.

某些植物或动物资源会导致基因多样性的减少，降低生态系统的适应性。例如，过度捕捞渔业资源不仅影响渔业资源的数量，还会减少其基因多样性，影响未来的适应能力。此外，生态工程引入外来物种可能导致本地物种竞争力下降，甚至灭绝。例如，某些湿地恢复项目引入外来植物种类，这些植物可能迅速扩散，排挤本地植物。①

（四）社会经济冲突和利益分配不均

生态价值增值过程中，由于利益分配的不均衡，不同社会群体之间可能出现冲突和矛盾。这种负外部性不仅影响社会稳定，还可能阻碍生态保护的顺利实施。生态工程项目可能导致不同群体间的利益分配不均，从而引发社会冲突。例如，某些生态补偿政策的实施，可能使部分农民因土地被征用而失去生计，导致社会矛盾。生态保护区的建立可能限制当地居民的传统资源利用方式，导致社区内部的矛盾和不满。例如，保护区的设立可能禁止传统的狩猎和采集活动，影响当地居民的生活方式和经济收入。

（五）管理成本和实施难度

在实现生态价值增值过程中，管理和维护成本的增加，可能对项目的可持续性产生负面影响。这种负外部性在大规模生态工程和长期维护项目中尤为突出。大规模生态工程需要大量的资金投入，管理和维护成本高昂。例如，湿地恢复项目需要持续的资金投入用

---

① 汪劲，王社坤，严厚福. 抵御外来物种入侵：法律规制模式的比较与选择 [M]. 北京：北京大学出版社，2009：23-26.

于日常维护和监测，否则难以长期维持其生态效益。① 生态保护和恢复项目通常需要高水平的技术支持和专业管理，缺乏技术支持可能导致项目效果不佳。例如，某些生态修复项目因技术不到位，导致恢复效果不理想，甚至产生新的生态问题。此外，生态工程的长期性和不确定性也增加了管理的复杂性。例如，某些生态项目需要长期监测和调整，其效果可能在短期内难以显现，增加了管理的难度。

生态价值增值负外部性包括环境污染和生态退化、资源过度利用和竞争、生物多样性损失和物种入侵、社会经济冲突和利益分配不均以及管理成本和实施难度等。这些负外部性不仅对生态系统和环境产生不利影响，还可能对社会经济和文化产生深远影响。深入理解和管理这些负外部性类型，有助于更好地实现生态环境保护和可持续发展目标。

第三节 生态价值增值正外部性的社会网络分析

一、社会网络分析方法

社会网络分析（social network analysis, SNA）是一种系统研究社会关系模式的方法，通过对个体或团体间关系的分析，揭示社会

---

① 曹景华，王志秀，王学义. 黄河三角洲实施"生态湿地恢复工程"[J]. 走向世界，2004（2）：39-40.

结构和动态。作为一种跨学科的研究方法，SNA 广泛应用于社会学、政治学、经济学、心理学等领域，近年来在生态学和环境科学中也得到了应用。本书将对社会网络分析方法的定义、基本概念及其应用进行深入探讨。社会网络分析是一种方法论和分析框架，用于描述和分析社会关系中的节点（个体或组织）及其间的连接（关系或互动）。斯坦利·沃瑟曼（Stanley Wasserman）和凯瑟琳·福斯特（Katherine Faust）[1] 将 SNA 定义为"通过节点和连接的图形表示，系统地分析社会结构的方法"。SNA 的核心在于研究社会网络中的节点以及这些节点之间的关系或互动模式。其目的在于揭示社会网络的整体结构、个体在网络中的位置和角色，以及这些结构和位置如何影响个体和整体行为。

社会网络中的基本元素是节点（nodes）和边（edges）。节点代表个体、群体或组织，而边表示节点之间的社会关系或互动。例如，在一个朋友关系网络中，节点代表个人，边则表示朋友关系。节点和边可以是有向的或无向的，有向边表示关系具有方向性（如 A 影响 B），无向边则表示关系无方向性（如 A 和 B 是朋友）。

网络结构是社会网络分析的核心，描述了节点和边的整体模式。常见的网络结构特征包括密度（density）、中心性（centrality）和聚类系数（clustering coefficient）。密度是指实际存在的边与可能存在的边的比例，反映了网络的紧密程度。中心性用于衡量节点在网络中的重要性，常见的中心性指标包括度中心性（degree centrality）、接近中

---

[1] WASSERMAN S, FAUST K. Social Network Analysis: Methods and Applications [M]. Cambridge: Cambridge University Press, 1994: 37-39.

心性（closeness centrality）和中介中心性（betweenness centrality）。聚类系数则描述了网络中节点之间的聚集程度。

"社会资本"是 SNA 中的一个重要概念，指个体或群体通过社会网络获得的资源和利益。罗纳德·S. 伯特（Ronald S. Burt）[1]认为，社会资本包括信任、信息和支持网络等。通过分析社会网络，可以揭示个体如何通过其社会关系获取资源和机会，从而影响其行为和绩效。

社会网络是动态的，随着时间的推移会发生变化。网络演化研究关注社会关系的形成、维持和解体过程。汤姆·A. B. 斯尼德斯（Tom A. B. Snijders）[2]提出的动态社会网络模型，通过统计方法分析网络的动态变化，揭示了网络演化的机制和规律。

社会网络分析的方法主要分为数据收集、网络可视化、定量分析三种。

社会网络分析的数据收集方法包括问卷调查、访谈和文献分析。问卷调查是最常见的方法，通过向被调查者询问其社会关系，获取网络数据。访谈法是通过深入访谈，获取更详细和丰富的社会关系信息。文献分析是通过已有的文献和档案，重建历史时期的社会网络。

网络可视化是社会网络分析的重要步骤，通过图形化展示节点

---

[1] BURT R S. The Network Structure of Social Capital [J]. Research in Organizational Behavior, 2000, 22: 345-423.
[2] SNIJDERS T A B. The Statistical Evaluation of Social Network Dynamics [J]. Sociological Methodology, 2001, 31 (1): 361-395.

和边，帮助研究者直观地观察和理解社会网络结构。常用的网络可视化软件包括 UCINET、Gephi 和 Pajek。这些工具可以生成多种类型的网络图，如力导向图、圆形图和层次图，帮助研究者揭示网络中的关键节点和结构特征。

定量分析是社会网络分析的核心，通过数学和统计方法，量化网络结构和节点特征。常用的定量分析方法包括度中心性、接近中心性、中介中心性和聚类系数。度中心性衡量节点的连接数，反映节点的直接影响力。度中心性高的节点通常是网络中的重要角色。接近中心性衡量节点到其他节点的平均最短路径长度，反映节点在网络中的信息传播效率。中介中心性衡量节点在网络中的"中介"作用，反映节点在其他节点之间的路径数量。中介中心性高的节点通常是网络中的桥梁角色。聚类系数衡量节点周围的节点彼此连接的紧密程度，反映网络中的"社群"结构。

社会网络分析在多个领域得到了广泛应用，包括社会学、政治学、经济学、生态学和环境科学。在社会学中，SNA 用于研究社会关系和社会结构，如朋友网络、合作网络和犯罪网络。在政治学中，SNA 用于分析政治精英之间的关系、国际关系和政策网络。在经济学中，SNA 用于研究企业间的合作关系、市场结构和创新网络。在生态学和环境科学中，SNA 用于分析物种间的生态关系、人类社会与自然环境的互动等。

二、应用于生态价值增值正外部性分析

随着全球气候变化和生态环境问题的日益严重，森林生态系统

服务的重要性越发显著。森林生态系统不仅为当地提供了诸多生态服务，还通过溢出效应对周边区域产生了显著的正外部性。正外部性，指某个区域或主体的活动对其他区域或主体带来的积极影响。在承德市，森林生态系统服务的正外部性尤为突出，各区县间的溢出效应表现得极为明显。本书利用社会网络分析方法，通过网络密度、连线数量、中心度等指标，对承德市各区县间森林生态系统服务价值的溢出效应进行系统分析，探讨其显著的正外部性。

（一）网络密度分析

网络密度是反映网络中实际存在的连线数与可能存在的最大连线数之比，是衡量网络紧密程度的一个重要指标。其计算公式：

$$网络密度 = \frac{L}{N(N-1)} \qquad (7\text{-}1)$$

其中，L 为网络中实际存在的连线数，N 为网络中的节点数。在本书中，通过计算各区县间的实际连线数和可能的最大连线数，得出不同年份的网络密度值，如表 7.1 所示。

研究期内，承德市森林生态系统服务价值的网络密度总体较低，但呈现逐渐上升的趋势。2005 年，网络密度为 0.3818，显示出各区县间的联系相对较为紧密。到 2010 年，网络密度下降至 0.3272，可能反映出在此期间经济快速发展，但生态保护意识不足，各区县间的生态服务关联度有所减弱。然而，随着国家对生态文明建设的重视以及承德市对森林生态系统服务的加强保护，到 2020 年，网络密度上升至 0.3636，表明各区县间的生态服务价值关联度有所增强。这一变化趋势反映了森林生态系统服务在区域间的溢出效应逐渐显现，表现出显著的正外部性。

（二）网络连线数量分析

网络连线数量代表区域间实现跨区域信息联通共享的频次。在本书中，通过统计每个年份中各区县间的实际连线数，得出各年份的连线数量，如表 7.1 所示。

表 7.1 森林关联网络整体特征指标

年份/年	网络密度	网络连线/条
2005	0.3818	42
2010	0.3272	36
2015	0.3455	38
2020	0.3636	40

研究期内，承德市森林生态系统服务价值关联网络的关系数虽有波动，但总体平稳，呈现先下降后上升的趋势。2005 年，网络关系数为 42 条，2010 年下降至 36 条，这一时期网络关系数的减少可能是由于经济发展速度较快，人们的环保意识不强，生态建设滞后。然而，随着生态文明建设的推进，网络连线数量开始增加，2015 年和 2020 年分别为 38 条和 40 条。这表明，随着时间的推移，承德市各区县间的森林生态系统服务价值溢出效应逐渐增强，表现出明显的正外部性。各区县间的生态服务价值通过互联互通的网络体系，实现了更加广泛的传导和共享。

（三）度数中心度分析和中介中心度分析

为探究承德市各区县在关联网络中的影响力与地位，引入中心性分析来对森林生态系统服务价值关联网络的个体特征进行阐释。中心性分析在社会网络分析中常用来测度关联网络的集聚程度，网络的整体中心性的分析通常要通过各个区县的中心性指标来反映。中心度通过测算特定节点的中心地位从而分析其在网络中的重要性。本书计算了个体网络特征指标用于衡量承德市各区县在森林生态系统服务价值溢出效应网络中的地位。常用的中心度有点度中心度及中介中心度，其中点度中心度包含出度及入度两个指标。

度数中心度是衡量节点重要性的重要指标，分为出度和入度。出度表示一个节点向外辐射的连线数量，入度表示一个节点接收的连线数量。其计算公式：

$$出度中心度 = \sum_{i=1}^{N}(a_{ij}) \quad (7-2)$$

$$出度中心度 = \sum_{i=1}^{N}(a_{ji}) \quad (7-3)$$

其中，a_{ij}表示从节点i到节点j的连线是否存在。在本书中，通过计算每个区县的出度和入度，分析各区县在网络中的辐射和接收效应。例如，兴隆县的出度较高，表明其具有较强的生态服务价值辐射能力。具体计算结果，如表7.2所示。

表7.2 关联网络点度中心度分析

地区	2005年		2010年		2015年		2020年	
	出度	入度	出度	入度	出度	入度	出度	入度
平泉市	3	5	2	4	2	3	2	3
兴隆县	6	8	5	2	5	3	4	3
围场县	3	0	5	3	0	4	4	3

续表

地区	2005年		2010年		2015年		2020年	
	出度	入度	出度	入度	出度	入度	出度	入度
隆化县	4	8	4	3	7	4	4	4
滦平县	4	5	6	7	7	4	6	9
宽城县	3	3	2	3	2	3	4	3
丰宁县	4	4	3	3	4	4	4	3
承德县	4	9	4	7	9	6	4	7
双桥区	5	0	2	3	1	2	3	3
双滦区	4	0	2	2	0	3	3	2
营子区	1	0	3	1	1	2	2	2

度数中心度反映某个节点与其他节点联系的紧密程度。从表7.2可以看出，研究期内，11个区县的出度和入度计算均值分别为3.818、3.455、3.455和3.636。兴隆县、滦平县、隆化县等区县的出度较高，表明其溢出效应显著。例如，2015年，承德县的点出度为9，隆化县和滦平县的点出度均为7，说明这些区县在网络中发挥了重要的辐射带动作用。出度高的区县不仅能够充分利用自身的森林生态系统服务价值，还通过正外部性效应，将这些价值溢出到其他区县，促进了整个区域的生态服务价值提升。

入度高的区县表明其受益于其他区县的生态服务溢出效应。例如，2005年和2010年，承德县的点入度分别为9和7，表明承德县在这些年份受益于周边区县的生态服务溢出。总体来看，度数中心度的变化反映了承德市各区县间森林生态系统服务价值的正外部性效应，通过高出度区县的带动作用和高入度区县的受益效应，实现了区域间生态服务价值的传导和共享。

中介中心度反映节点在网络中作为中介或桥梁的作用，衡量一个节点在其他节点对之间最短路径上出现的频率。其计算公式：

$$中介中心度 = \sum_{i<j}^{k} \left(\frac{g_{ikj}}{g_{ij}} \right) \qquad (7-4)$$

其中，g_{ij}表示节点i和节点j之间的最短路径数量，g_{ikj}表示节点k位于节点i和节点j之间的最短路径数量。在本书中，通过计算每个区县的中介中心度，分析其在网络中的桥梁作用。例如，兴隆县的中介中心度较高，表明其在连接其他区县的生态服务价值传导中起到了重要的桥梁作用。具体计算结果，如表7.3所示。

表7.3 关联网络中介中心度分析

地区	2005年	2010年	2015年	2020年
平泉市	1.481	2.296	0.741	1.852
兴隆县	28.591	8.778	7.037	2.963
围场县	0.000	6.704	0.000	4.815
隆化县	9.259	1.630	9.630	1.852
滦平县	1.667	28.704	11.852	36.296
宽城县	0.000	0.000	1.111	2.593
丰宁县	2.222	0.000	2.963	2.593
承德县	16.296	24.418	29.259	17.037
双桥区	0.556	4.259	2.222	0.000
双滦区	0.000	1.185	0.000	0.000
营子区	0.000	2.296	1.852	1.111

<<< 第七章 生态价值增值的正外部性和负外部性

从表 7.3 可以看出，兴隆县、承德县和隆化县的中介中心度较高，这些区县在网络中的桥梁作用显著。例如，2005 年，兴隆县的中介中心度为 28.591，表明其在网络中起到了重要的中介作用，通过连接其他区县，促进了森林生态系统服务价值的传导和共享。承德县和隆化县在研究期内的中介中心度也较高，说明它们在网络中作为桥梁节点，通过连接其他区县，增强了区域间的生态服务价值溢出效应。

中介中心度的高低反映了承德市各区县在森林生态系统服务价值网络中的关键作用。这些高中介中心度的区县，不仅自身具备较高的生态服务价值，还通过正外部性效应，将这些价值传导至其他区县，促进了整个区域生态系统服务价值的提升。特别是兴隆县、承德县和隆化县，通过其桥梁作用，连接了网络中的多个节点，显著增强了区域间的生态服务价值传导作用，体现了森林生态系统服务价值的显著正外部性。

通过对承德市各区县间森林生态系统服务价值关联网络的整体特征指标进行计算和分析，揭示了各区县间的生态服务价值溢出效应和正外部性。通过对网络密度、连线数量、度数中心度和中介中心度等指标的计算，提供了分析区域生态服务价值传导和共享的重要依据，有助于更好地理解和促进区域生态系统服务价值的可持续发展。

第八章

生态价值增值的制度、规制作用

生态产品价值实现机制是践行"绿水青山就是金山银山"理念的有形抓手,生态价值增值的制度是体现理论融合成果、指导实践的关键工具。如何找准生态价值增值政策发力点、打好制度体系"组合拳"是当前亟待解决的问题。因此,本章系统阐述了生态价值增值的制度的含义和构成要素,从内部化作用、激励作用和协调作用等方面分析了生态价值增值的规制作用,最终提出了完善生态价值增值制度体系的对策建议。

第一节 生态价值增值制度概述

一、生态价值增值制度定义

生态价值增值制度(ecological value-added system)指通过一系

列政策、法规、激励措施和管理工具,促进生态系统的保护和恢复,从而实现生态系统服务功能和价值的提升。该制度的目标是通过市场化手段,实现生态系统服务的识别、评估和增值,进而推动生态保护和可持续发展。① 换句话说,生态价值增值制度的目的是在保护生态环境的同时,实现经济和社会的协同发展。具体来说,包括制定合理的生态补偿政策、环境税收制度、生态保护投资政策等,通过制度设计实现生态资源的高效利用和生态环境的持续改善。

生态系统服务是指自然生态系统及其构成部分通过生物、物理和化学过程为人类提供的有益服务,主要包括供给服务(如粮食、淡水、木材等)、调节服务(如气候调节、水质净化、病虫害控制等)、文化服务(如休闲娱乐、文化遗产、美学价值等)和支持服务(如土壤形成、养分循环等)。这些服务的价值评估是生态价值增值制度的关键。传统的市场机制往往无法反映生态系统服务的真实价值,因为这些服务大多数具有公共产品性质,不具备排他性和竞争性。因此,需要通过替代市场方法(如边际生产力法、条件估价法、旅行费用法等)和非市场方法(如惠益转移法、生态足迹法等)来进行价值评估。②

---

① COSTANZA R, ARGE R, GROOT R B, et al. The Value of the World's Ecosystem Services and Natural Capital [J]. Nature, 1997, 387: 253-260.
② PAGIOLA S, ARCENAS A, PLATAIS G. Can Payments for Environmental Services Help Reduce Poverty? An Exploration of the Issues and the Evidence to Date from Latin America [J]. World Development, 2005, 33 (2): 237-253.

二、生态价值增值制度构成要素

生态价值增值制度是现代环境保护和可持续发展战略的重要组成部分。该制度通过一系列政策、法规、激励机制和管理工具，促进生态系统服务的识别、评估和增值，从而实现生态保护和经济发展的双重目标。在这一制度中，政策和法规、激励机制、管理工具及利益相关者的广泛参与是核心构成要素。以下将详细探讨这些要素的内涵及其在生态价值增值制度中的作用。

（一）政策和法规

政策和法规在生态价值增值制度中扮演着基础性和规范性的角色。首先，政府通过制定和实施相关政策，为生态价值增值制度提供法律保障和政策导向。这些政策和法规主要体现在生态补偿、环境税收、自然资源管理和生态保护规划等方面。

生态补偿政策旨在通过财政转移支付和经济补偿，激励生态系统服务的提供者进行生态保护和修复。例如，中国的生态补偿政策在流域管理中发挥了重要作用，通过对上游地区进行经济补偿，鼓励其进行水源保护和污染治理，从而改善整个流域的生态环境。此外，生态补偿还包括对森林、湿地和草原等生态系统的保护补偿，促进这些生态系统的可持续管理。[1]

环境税收制度是通过对污染排放和资源消耗征税，调节经济活动中的环境行为，促进资源的合理利用和环境保护。例如，碳税制

---

[1] 中国生态补偿机制与政策研究课题组. 中国生态补偿机制与政策研究 [M]. 北京：科学出版社，2007：35-42.

度通过对温室气体排放征税,鼓励企业减少碳排放,推动低碳技术的发展和应用。环境税收不仅可以为生态保护提供资金支持,还可以通过价格信号,引导社会资源向生态友好型产业转移。①

自然资源管理法规旨在规范自然资源的开发和利用,保护生态系统的功能和结构。这些法规包括水资源管理法、森林法、草原法和渔业法等,通过法律手段,确保自然资源的可持续利用和生态系统服务的长期供应。例如,森林法通过限制森林砍伐和促进森林恢复,保护森林生态系统的生物多样性和生态功能。②

生态保护规划是通过科学合理的规划和布局,保护和恢复生态系统,提高生态系统服务的质量和稳定性。这些规划包括自然保护区规划、生态红线划定和生态功能区划等。例如,自然保护区规划通过设立不同级别的保护区,保护珍稀动植物和重要生态系统,维护生物多样性和生态平衡。

(二) 激励机制

激励机制在生态价值增值制度中起着关键作用,通过经济和非经济手段,激励社会各界参与生态保护和修复活动。激励机制主要包括财政补贴、税收优惠、市场交易和荣誉奖励等方面。

财政补贴是政府通过财政支出,直接补偿或奖励在生态保护和修复中做出贡献的个人或组织。例如,政府可以通过提供种植补贴,鼓励农民进行生态农业生产,减少农药和化肥的使用,保护土壤和

---

① 邸伟杰. 我国生态保护税收政策问题及对策研究 [D]. 秦皇岛:燕山大学,2012.
② 于术桐,黄贤金,程绪水. 南四湖流域水生态保护与修复生态补偿机制研究 [J]. 中国水利,2011 (5):48-50.

水资源。财政补贴还可以用于支持生态修复项目，如植树造林、湿地恢复和荒漠化治理等，通过直接资金支持，推动这些项目的实施和发展。

税收优惠是通过减免税收，降低生态保护和修复成本，激励企业和个人参与生态保护活动。例如，企业在进行生态友好型投资和生产时，可以享受所得税减免、增值税退税等税收优惠政策，从而降低生产成本，提高经济效益。税收优惠还可以用于鼓励可再生能源开发和利用，如对太阳能、风能和生物质能等可再生能源项目给予税收减免，促进能源结构的优化和环境质量的改善。①

市场交易是通过建立生态产品和服务的市场交易平台，实现生态系统服务的市场化运作。例如，碳排放权交易市场通过将碳排放权作为商品进行交易，使企业通过市场机制，达到碳减排目标。这不仅促进了低碳技术的发展和应用，还为碳减排项目提供了经济回报。类似的市场交易机制还包括水权交易和生物多样性信用交易等，通过市场手段，实现生态系统服务的价值增值。

荣誉奖励是通过社会认可和奖励，激励社会各界参与生态保护和修复活动。例如，政府和非政府组织可以通过设立生态保护奖项，对在生态保护中做出突出贡献的个人和组织进行表彰和奖励。荣誉奖励不仅可以提高公众的环境意识和参与热情，还可以通过示范效应，带动更多的人参与生态保护活动。

（三）管理工具

管理工具是实现生态价值增值制度目标的重要手段，通过科学

---

① 邸伟杰. 我国生态保护税收政策问题及对策研究 [D]. 秦皇岛：燕山大学，2012.

合理的管理和技术支持，提高生态系统服务的质量和稳定性。管理工具主要包括生态系统监测、环境评估、技术支持和信息共享等方面。①

生态系统监测是通过现代科学技术手段，对生态系统的变化情况进行长期观测和监测，为生态保护和管理提供科学依据。例如，利用遥感技术和地理信息系统，对森林、湿地、草原和水体等生态系统进行动态监测，及时发现生态系统的变化趋势和问题，为生态保护和修复提供数据支持。生态系统监测还包括对生物多样性、气候变化和环境污染等方面的监测，通过综合数据分析，为生态管理决策提供科学依据。②

环境评估是通过科学评价方法，对生态系统服务的价值和影响进行系统评估，为生态价值增值制度的实施提供理论支持和实践指导。例如，通过生态足迹分析、生命周期评估和环境影响评估等方法，对不同生态系统服务的价值进行定量分析，评估生态保护和修复措施的有效性和经济性。环境评估还可以用于政策制定和项目评估，通过科学评估，确保生态保护政策和项目的合理性和可行性。③

技术支持是通过提供先进的科学技术和专业知识，提高生态保护和修复的效率和效果。例如，通过推广生态农业技术、可再生能源技术和环保技术，促进生态友好型产业的发展，提高资源利用效

---

① 邸伟杰. 我国生态保护税收政策问题及对策研究 [D]. 秦皇岛：燕山大学，2012.
② 王继斌，孙景民. 秦皇岛市自然生态问题及保护对策 [J]. 中国环境管理干部学院学报，2002，12（1）：30-32.
③ 王金南，葛察忠，高树婷. 中国环境税收政策及实施战略研究 [M]. 北京：中国环境科学出版社，2006：255-258.

率，减少环境污染。技术支持还包括对生态保护和修复项目的技术咨询和指导，如湿地恢复技术、荒漠化治理技术和生物多样性保护技术等，通过技术创新和应用，提高生态系统服务的质量和稳定性。

信息共享是通过建立生态信息平台，实现生态数据和信息的共享和交流，提高生态管理的透明度和科学性。例如，通过建立生态数据库和信息网络系统，实现生态监测数据、环境评估结果和技术支持信息的共享和交流，为生态管理决策提供数据支持和信息服务。信息共享还可以促进利益相关者的合作与协调，通过信息交流和资源共享，实现生态保护和经济发展的双赢。

（四）利益相关者参与

利益相关者的广泛参与是生态价值增值制度成功的关键。利益相关者包括政府、企业、非政府组织、社区和公众等，他们在生态保护和修复中扮演着不同的角色，具有不同的利益和需求。通过利益相关者的广泛参与，可以形成多方合作和协同治理的局面，提高生态保护和修复的效果和效率。[①]

政府在生态价值增值制度中扮演领导者和推动者的角色，通过制定政策、法规和激励措施，引导社会各界参与生态保护和修复活动。政府还可以通过财政投入和技术支持，保障生态保护和修复项目的顺利实施，提高生态系统服务的质量和稳定性。

企业是生态价值增值制度中的重要参与者，通过实施生态友好

---

① 刘伟玮，李爽，付梦娣，等. 基于利益相关者理论的国家公园协调机制研究[J]. 生态经济，2019，35（12）：90-95，138.

型生产和经营活动，实现经济效益和生态效益的双赢。例如，企业可以通过开发和应用低碳技术、环保技术和资源高效利用技术，减少环境污染和资源消耗，提高生产效率和经济效益。企业还可以通过参与碳排放权交易、水权交易和生态补偿等市场机制，实现生态系统服务的价值增值。①

非政府组织在生态价值增值制度中发挥着重要的推动和监督作用，通过宣传教育、政策倡导和项目实施，促进生态保护和修复活动的实现。例如，非政府组织可以通过开展环保宣传教育，提高公众的环境意识和参与热情，推动社会各界参与生态保护和修复活动。非政府组织还可以通过政策倡导和项目实施，推动政府和企业在生态保护方面采取积极措施，监督政策和项目的实施效果。

社区和公众是生态价值增值制度的重要组成部分，通过广泛参与和积极行动，实现生态保护和修复的目标。例如，社区可以通过开展社区生态保护项目，如植树造林、湿地恢复和环境整治等，改善社区环境，提高社区居民的生活质量。公众可以通过参与环保志愿者活动、生态旅游和环保消费等方式，支持生态保护和修复活动，提高生态系统服务的质量和稳定性。

生态价值增值制度通过政策和法规、激励机制、管理工具及利益相关者的广泛参与，实现生态系统服务的识别、评估和增值，从而推动生态保护和可持续发展。政策和法规提供了法律保障和政策导向，激励机制通过经济和非经济手段激励社会各界参与，管理工

---

① 刘柯. 环境治理中的行动者网络建构研究［D］. 北京：中国矿业大学，2020.

具通过科学合理的管理和技术支持提高生态系统服务的质量和稳定性，利益相关者的广泛参与形成了多方合作和协同治理的局面。通过这些构成要素的有机结合，生态价值增值制度将在实现生态系统服务的经济价值、推动生态保护和可持续发展方面发挥更大的作用。

第二节 生态价值增值规制的作用

一、生态价值增值规制的内部化作用

生态价值增值规制的内部化作用是通过经济学中的"外部性内部化"原理来实现的。外部性是指个体或企业的行为对他人或环境产生的影响，而这种影响没有通过市场交易体现出来。[①] 在生态价值增值规制中，这些外部性的影响往往体现为生态系统服务的价值，而这些价值通常未能被充分内部化到经济活动中。

通过规制手段，生态价值增值规制将这些外部影响内部化，以确保经济主体在决策过程中充分考虑生态系统服务的价值。这种内部化作用可以通过两种方式来实现：一是让产生负外部性的主体承担相应的成本，二是让产生正外部性的主体获得相应的收益。这样一来，无论是生态系统服务的消极影响还是积极影响，都会在经济

---

① 陈宗伟，申静. 环境规制中的生态价值内部化：理论、模型及政策设计 [J]. 生态经济，2019, 35 (6): 59-64.

主体的决策中得到充分体现,从而促进生态环境的保护和可持续利用。本书主要通过介绍生态服务成本内部化、生态效益内部化、环境外部性内部化、生态激励机制内部化这四方面来体现生态价值增值规制的内部化作用。

(一) 生态服务成本内部化

生态服务成本内部化是生态价值增值规制的重要组成部分。它通过对生态系统服务的价值进行识别和评估,将生态系统利用的真实成本反映到生产和消费活动中。这一过程包括对环境污染和生态破坏的经济成本进行评估,并将这些成本纳入企业的生产成本。

企业在生产过程中往往会产生污染和生态破坏,如废水排放、大气污染和土地退化等。传统市场机制中,这些负外部性往往没有反映在企业的成本结构中,导致企业没有动力减少污染。通过生态价值增值规制,政府可以对污染行为进行经济成本评估,将环境损害成本纳入企业的生产成本。例如,通过实施排污收费制度,企业需要支付与其排放量相对应的费用,从而激励企业采取污染控制和环保措施,减少对生态系统的负面影响。

这种内部化机制不仅使企业更关注环境成本,还可以促使企业在生产过程中采用更加环保的技术和工艺,减少资源消耗和污染排放。例如,中国在 2016 年推行的《环境保护税法》就是通过税收手段将环境成本内部化,提高了企业的环保意识和治理水平。[1]

---

[1] 吴宇. 环境保护税法:对企业环保行为的影响研究 [J]. 环境经济研究, 2016, 10 (2): 50-57.

(二) 生态效益内部化

生态效益内部化是指将生态系统提供的各种服务的效益纳入经济活动中，使这些效益在经济决策中得到充分体现。生态系统服务包括水源涵养、土壤保护、生物多样性维护等，这些服务在传统的市场交易中往往被忽视。通过对这些服务的价值进行评估，可以引导经济主体更加重视生态系统的保护和恢复。

在农业、工业和城市发展规划中，将生态效益内部化可以实现生态保护与经济发展的双赢。例如，通过评估森林的水源涵养功能，可以将森林保护纳入水资源管理规划，确保水资源的可持续利用。在城市发展中，通过评估城市绿地的生态服务价值，可以将绿地建设与城市规划紧密结合，提升城市生态环境质量。

此外，生态效益内部化还可以通过市场化手段实现。例如，通过生态补偿机制，对提供生态服务的土地所有者和管理者进行经济补偿，鼓励他们采取生态友好措施，保护和恢复生态系统。这样的机制在中国的退耕还林工程中得到了广泛应用，通过对农民进行经济补偿，促进了大规模的生态恢复。[1]

(三) 环境外部性内部化

环境外部性内部化是生态价值增值规制的重要方面。它通过对环境外部性的内部化，促使经济主体在决策中充分考虑生态系统的影响。环境外部性指经济活动对第三方或环境造成的未在市场交易

---

[1] 任勇, 冯东方, 俞海. 中国生态补偿理论与政策框架设计 [M]. 北京: 中国环境科学出版社, 2008: 35-38.

中体现的影响,如温室气体排放引起的气候变化。

为了将这些环境外部性内部化,政府可以采用多种政策工具。例如,碳税和排放许可证制度是有效的手段。通过征收碳税,将二氧化碳排放的成本纳入能源价格,可以引导企业和个人减少碳排放,转向清洁能源和低碳生活方式。排放许可证制度通过限制排放总量,并允许排放权交易,使企业在追求经济利益的同时也必须考虑其环境影响。①

中国在碳市场建设方面取得了显著进展。2017年启动的全国碳排放交易体系,通过设定碳排放总量控制目标和允许企业之间进行排放权交易,将碳排放成本内部化,提高了企业的碳排放管理水平,促进了低碳技术的研发和应用。

（四）生态激励机制内部化

生态激励机制内部化是通过建立各种激励机制,将生态保护和可持续发展的利益内部化到经济主体的决策中。通过税收优惠、资金补助和其他奖励措施,可以鼓励企业和个人积极参与生态保护和恢复活动。

税收优惠是常见的激励手段之一。例如,政府可以对采取生态友好措施的企业提供税收减免,降低其运营成本,增强其市场竞争力。这样的政策可以激励更多企业采用清洁生产技术和环保设备,减少污染排放。

---

① 王芳. 全国碳排放交易体系的建设与发展 [J]. 环境政策与法规, 2020, 28 (4): 112-118.

资金补助是另一种重要的激励措施。政府可以设立专项资金，对参与生态保护和修复的项目进行直接补助。例如，对开展退耕还林、湿地保护和生态恢复的项目提供财政支持，可以显著提高这些项目的实施效果和参与度。在中国，国家和地方政府通过设立生态补偿基金，对实施生态保护措施的地区和主体进行经济补偿和奖励，推动了大规模的生态修复和保护工作。

通过上述内部化作用，生态价值增值规制可以实现生态系统服务价值的充分体现和提升，引导经济活动朝着更加环保、可持续的方向发展。这有助于促进生态环境的保护和恢复，实现经济增长与生态可持续发展的良性循环。因此，生态价值增值规制的内部化作用是通过调整经济主体的行为，使其在经济活动中充分考虑生态系统服务的价值，从而实现生态环境的保护和可持续利用。这种制度安排不仅有助于减少生态系统服务的损失，还可以促进生态系统服务价值的提升，为经济发展和社会进步提供可持续的保障。

二、生态价值增值规制的激励作用

生态价值增值规制的激励作用在生态环境保护和可持续发展中具有重要意义。通过税收优惠、资金补助和市场机制等手段，可以有效激励各方主体积极参与生态保护和恢复活动，促进生态系统服务价值的提升和生态价值的增值。

税收优惠是生态价值增值规制中常用的激励手段。通过对符合生态保护要求的企业或个人给予税收减免或抵免，可以降低其生产经营成本，从而提高其参与生态保护的积极性。例如，对于采取环保技术和措施的企业，可以给予所得税、增值税等税收方面的优惠政策；对于从事生态修复和保护项目的个人，也可以享受相应的税收减免待遇。这些税收优惠政策可以有效降低生态保护成本，刺激各方主体加大对生态环境的投入和支持。

资金补助是另一种常见的生态激励手段。通过向生态保护和恢复项目提供资金支持，可以降低相关项目的投资风险，提高其实施的可行性和效率。资金补助可以包括政府拨款、专项资金设立、项目资助等形式，覆盖范围广泛，涵盖了生态修复、自然保护、生态农业等各个领域。例如，政府可以设立专项资金支持湿地保护与恢复项目，向符合条件的项目提供经费支持；还可以向生态农业示范项目提供资金补助，鼓励农民采取生态友好的种植和养殖方式。这些资金补助措施可以有效促进生态保护和可持续发展项目的实施，推动生态系统服务的提升和生态价值的增值。

除税收优惠和资金补助外，市场机制也是生态价值增值规制的重要组成部分。通过建立健全的市场机制，可以为生态产品和服务提供合理的价格信号，激励经济主体采取相应的行动，促进生态价值的内部化和增值。市场机制可以包括碳市场、生态产品认证、生态补偿市场等形式，通过市场交易的方式将生态服务的价值转化为经济收益。例如，碳市场可以通过碳交易的方式，鼓励企业和个人减少碳排放并参与碳汇项目，以获取碳排放权或碳减排收益；生态产品认证可以通过认证标识的方式，提高生态产品的市场竞争力，鼓励消费者选择生态友好的产品和服务。这些市场机制可以有效促进经济主体在市场行为中考虑生态环境的影响,推动生态价值的内部化和增值,实现生态保护与经济发展的良性循环。

通过税收优惠、资金补助和市场机制等手段,生态价值增值规制可以发挥重要的激励作用,促进各方主体积极参与生态保护和恢复活动,推动生态系统服务的提升和生态价值的增值。这些激励措施不仅有助于改善生态环境,提高资源利用效率,还能够促进经济社会可持续发展。

三、生态价值增值规制的协调作用

生态价值增值规制在生态环境保护和可持续发展中起着至关重要的协调作用。通过政策协调、利益协调和合作机制等手段,能够有效整合资源、协调利益、提升合作效率,实现生态系统服务的保护和价值的增值。

政策协调在生态价值增值规制中占据核心地位。由于生态环境的跨界性和系统性,单一政府部门难以独立管理和协调全面的生态保护工作。需要各级政府部门之间进行紧密的政策协调和统筹规划,形成协同效应,以推动生态保护和可持续利用。① 具体而言,生态环境部门应与经济发展、土地规划、资源管理等相关部门展开深入协商和合作,制定统一的生态保护政策和规划。这样的协同不仅能确保政策的一致性,还能避免政策之间的矛盾和冲突,提升政策实施的有效性。例如,在制定和实施生态补偿政策时,必须考虑土地利

---

① 刘晓辉. 生态保护中的利益相关者分析[J]. 环境科学, 2014, 35 (5): 234-240.

<<< 第八章 生态价值增值的制度、规制作用

用政策和产业发展政策的协调,以避免因为政策冲突导致的生态补偿效果不佳。此外,政策协调还应包括各级政府部门之间的信息共享和资源调配,确保政策实施过程中的透明度和高效性。

利益协调在生态价值增值规制中同样至关重要。生态环境保护涉及多方利益主体的博弈和平衡,需要通过利益协调实现各方利益的最大化和共赢。例如,政府可以通过与企业、农民、居民等各类利益主体进行协商和谈判,明确各方的权利和责任,建立共同的生态价值观念和行为规范。① 通过经济补偿、税收激励等措施,可以调动各方积极性,推动生态保护和恢复工作。具体而言,政府可以针对生态保护行为设立专项补贴,如对退耕还林的农民提供直接的经济补偿,或对采用绿色生产技术的企业给予税收优惠,以降低其成本。此外,利益协调还应包括通过法律法规等制度安排,保障各方利益的平等性,避免因利益分配不均而引发的冲突和纠纷,从而促进社会和谐稳定。

合作机制是生态价值增值规制的重要支撑。通过建立多方参与、协同配合的合作机制,可以整合各方资源、优势和专业知识,共同推动生态保护和可持续发展。例如,政府可以与企业、社会组织、科研机构等建立合作伙伴关系,共同开展生态修复、环境监测、科技创新等项目。② 在合作过程中,各方可以发挥各自的优势,共同解

---

① 陈永新,李晓红. 利益相关者互动对生态保护的影响[J]. 自然资源学报,2010, 25(3):379-388.
② 王建. 社会网络分析在环境管理中的应用[J]. 环境管理,2012, 31(4):567-574.

决生态环境面临的问题，实现资源的共享和优势互补。此外，合作机制还可以促进信息共享和技术交流，加强各方之间的沟通和合作，提升生态保护工作的整体效能。例如，政府可以与科研机构合作，共同研究和推广先进的生态保护技术，同时与企业合作，推动生态友好型产业的发展，通过多方合作形成合力，共同应对生态环境的挑战。

通过政策协调、利益协调和合作机制等手段，生态价值增值规制可以发挥出强大的协调作用。这不仅能有效整合资源和力量，形成生态保护和可持续发展的强大合力，还能引导各方主体在利益共享的基础上开展深度合作，从而实现生态系统服务价值的充分体现和提升。这种协同和合作的机制有助于推动经济活动朝着更加环保、可持续的方向发展，促进生态环境的保护和恢复，最终实现经济增长与生态可持续发展的良性循环。

第三节　生态价值增值制度、规制完善的建议

一、完善生态价值增值制度体系

完善生态价值增值制度体系是实现生态保护和经济社会可持续发展的关键举措。一个健全的生态价值增值制度不仅需要完备的政策法规体系，还需要优化生态补偿机制和多元化的资金渠道。这些要素的协调发展，可以有效推动生态系统服务价值的识别、评估和

增值，从而促进生态环境的保护和可持续利用。

（一）政策法规体系完善

政策法规体系的完善是生态价值增值制度有效运行的基础。完备的政策法规体系应包括明确的法律框架、具体的实施细则和严格的监管机制。

首先，法律框架应当明确生态系统服务的法律地位和保护义务。国家层面的法律，如《环境保护法》《生态文明建设法》，应明确规定生态系统服务的价值识别、评估和增值的法律依据。同时，应当制定地方性的实施细则，确保各地根据实际情况进行具体操作和管理。

其次，实施细则需要详细规定生态系统服务的评估标准、评估方法和补偿标准。评估标准应当科学、合理，能够真实反映生态系统服务的价值。评估方法可以借鉴国际经验，采用多种评估工具，如成本效益分析、生态足迹法等，确保评估结果的客观性和准确性。补偿标准则应考虑生态服务的类型、区域特点和受益主体的实际需求，确保补偿的公平性和合理性。[①]

最后，严格的监管机制是政策法规体系有效运行的保障。政府应建立健全的监管体系，加强对生态价值增值制度执行情况的监督和管理。通过设立专门的监管机构、完善监督机制和强化执法力度，确保各项政策法规能够得到有效落实和执行。以中国为例，《环境保

---

① 王珊珊. 完善生态补偿机制的法律路径探讨［J］. 环境保护，2017，45（2）：56-60.

护法》自修订以来，通过增加公众参与和信息公开的条款，强化了法律的执行力和透明度。

（二）生态补偿机制优化

优化生态补偿机制是完善生态价值增值制度的重要环节。生态补偿机制通过对生态系统服务提供者进行经济补偿，调动各类利益相关者参与生态保护的积极性。

首先，生态补偿机制需要合理的补偿标准和科学的补偿方式。补偿标准应根据生态系统服务的价值评估结果，结合当地的经济社会发展水平进行确定。补偿方式则应灵活多样，既可以是直接的财政补贴，也可以是税收减免、信贷优惠等间接补偿方式。

其次，生态补偿机制应注重区域差异和生态系统的特殊性。不同区域和不同类型的生态系统，其服务功能和价值有所不同，补偿标准和方式也应有所差异。例如，对于生态脆弱区和生态重要区，应给予更高的补偿标准和更为优惠的政策，鼓励当地居民和企业参与生态保护和恢复活动。[1]

最后，生态补偿机制应加强政策衔接和协调。生态补偿政策应与其他相关政策，如土地管理、农业发展和水资源管理政策相衔接，形成政策合力，避免政策冲突和重复补偿。例如，退耕还林工程与农业补贴政策相结合，不仅可以提高退耕还林的效果，还可以保障农民的经济利益，促进农民自愿参与生态保护。

---

[1] 李伟，张丽．中国生态补偿政策研究：现状、问题与对策［J］．环境经济研究，2018，12（1）：34-40．

(三) 多元化资金渠道

多元化的资金渠道是完善生态价值增值制度体系的重要支撑。资金是实施生态价值增值制度的基础，只有通过多元化的资金来源，才能确保制度的可持续运行。

首先，政府财政资金是生态价值增值制度的重要资金来源。政府应加大对生态保护和恢复的财政投入，通过设立专项资金，保障各项生态补偿和保护措施的顺利实施。同时，应通过预算安排，将生态保护资金纳入政府预算体系，确保资金的长期稳定。

其次，市场化融资是多元化资金渠道的重要组成部分。通过建立绿色金融体系，吸引社会资本参与生态保护和恢复活动。具体措施包括发行绿色债券、设立环保基金和推进碳交易市场等。绿色债券可以为生态项目提供低成本的融资渠道，环保基金可以集中社会资本进行生态投资，碳交易市场则可以通过市场机制调动企业的积极性，促进碳减排和生态保护。[①]

最后，国际合作资金也是多元化资金渠道的重要组成部分。通过与国际组织和发达国家的合作，引入国际资金支持生态保护和恢复。例如，通过参与联合国环境规划署的项目，获得技术和资金支持；通过与世界银行合作，获得低息贷款和技术援助。这些国际合作资金不仅可以弥补国内资金的不足，还可以引入先进的技术和管理经验，提高生态保护的效率和效果。

综上所述，完善生态价值增值制度体系需要从政策法规体系完

[①] 张明. 我国绿色金融发展现状及政策建议 [J]. 绿色金融, 2019, 8 (4): 23-29.

善、生态补偿机制优化和多元化资金渠道等方面入手。通过建立健全的法律框架和监管机制，科学合理的补偿标准和方式，以及多元化的资金来源，可以有效推动生态系统服务价值的识别、评估和增值，实现生态环境的保护和经济社会的可持续发展。这不仅需要政府的积极引导和投入，更需要社会各界的广泛参与和支持，形成全社会共同推动生态文明建设的良好局面。

二、强化生态价值增值规制实施

生态价值增值规制的有效实施是实现生态环境保护和可持续发展的关键。强化这一规制的实施，需要从严格执法监督、公众参与和监督、绩效考核和评估三方面入手。通过多层次、多渠道的制度安排，确保生态价值增值规制的全面落实，推动生态系统服务价值的识别、评估和增值，从而促进生态环境的保护和可持续利用。

（一）严格执法监督

严格的执法监督是确保生态价值增值规制有效实施的基础。政府应建立健全的执法监督体系，加大对生态保护政策和法规的执行力度。

首先，政府应明确各级环境保护部门的职责和权限，确保执法监督的权威性和独立性。环境保护部门应具备足够的执法资源和专业能力，能够及时发现和处理环境违法行为。通过定期开展执法检查和专项行动，加强对重点区域和重点行业的监管，确保各项生态保护措施落到实处。

其次，完善环境信息公开制度，提高执法监督的透明度。政府应建立统一的环境信息公开平台，及时发布环境监测数据、执法检查结果和违法案件处理情况。通过信息公开，提高执法监督的透明度和公信力，增强社会公众对环境保护工作的信任和支持。

最后，完善环境违法处罚机制，增加违法成本。政府应制定严格的环境违法处罚标准，对环境违法行为进行严厉打击。通过加大处罚力度，提高违法成本，形成对环境违法行为的强有力威慑。同时，应建立健全环境损害赔偿制度，确保环境受害者能够获得合理的经济赔偿，增强环境保护的社会效果。①

（二）公众参与和监督

公众参与和监督是生态价值增值规制实施的重要保障。公众的广泛参与不仅可以提高生态保护的效果，还可以增强生态保护政策的透明度和公正性。

首先，政府应加强环境教育和宣传，增强公众的生态保护意识。通过开展形式多样的环境教育活动，提高公众对生态系统服务价值的认识和理解。通过媒体宣传、科普讲座、社区活动等形式，向公众传播生态保护知识和政策法规，增强公众的生态保护意识和参与热情。

其次，建立公众参与机制，保障公众的知情权和参与权。政府应建立健全公众参与制度，通过听证会、公众咨询、意见征集等形

---

① 柯武刚，史漫飞. 制度经济学：社会秩序与公共政策［M］. 韩朝华，译. 北京：商务印书馆，2003：36.

式,广泛听取公众对生态保护政策和措施的意见和建议。在政策制定和实施过程中,充分考虑公众的利益诉求,确保生态保护政策的公平性和科学性。

最后,鼓励公众监督,发挥公众的监督作用。政府应建立公众监督平台,畅通公众举报渠道,鼓励公众对环境违法行为进行监督和举报。对公众举报的环境违法行为,政府应及时受理、调查和处理,并将处理结果向社会公开。通过公众监督,提高环境保护工作的透明度和效率,增强公众对生态保护的信心和支持。

(三) 绩效考核和评估

绩效考核和评估是生态价值增值规制实施的重要环节。通过科学的绩效考核和评估制度,可以全面、客观地评价生态保护工作的效果,发现问题并及时改进,提高生态保护工作的效率和质量。

首先,建立科学的绩效考核指标体系。政府应制定科学、合理的绩效考核指标,全面反映生态保护工作的实际效果。绩效考核指标应包括生态系统服务价值的变化情况、环境质量的改善情况、生态补偿资金的使用情况等。通过定量和定性相结合的方式,全面、客观地评价生态保护工作的绩效。

其次,完善绩效考核和评估制度,确保考核评估的公平性和科学性。政府应建立健全绩效考核和评估机制,明确考核评估的主体、程序和方法。通过第三方评估、专家评审等方式,增强绩效考核和评估的独立性和客观性。对于考核评估中发现的问题,政府应及时采取措施进行整改,确保生态保护工作的持续改进和提高。

最后,强化绩效考核结果的运用,增强考核评估的激励作用。

政府应将绩效考核结果与生态补偿资金的分配、干部的考核任用等挂钩,增强绩效考核的激励作用。对于考核评估结果优秀的地区和单位,政府应给予表彰和奖励,树立典型,推广先进经验。对于考核评估结果不合格的地区和单位,政府应采取必要的措施进行整改,确保生态保护工作的全面落实。

综上所述,强化生态价值增值规制实施需要从严格执法监督、公众参与和监督、绩效考核和评估三方面入手。通过建立健全的执法监督体系,加强公众参与和监督,完善绩效考核和评估制度,可以有效推动生态系统服务价值的识别、评估和增值,实现生态环境的保护和经济社会的可持续发展。这不仅需要政府的积极引导和投入,更需要社会各界的广泛参与和支持。

三、创新生态价值增值制度机制

在全球生态环境压力日益增大的背景下,创新生态价值增值制度机制显得尤为重要。通过市场化机制创新、科技创新支持、国际合作与交流,可以有效促进生态系统服务的识别、评估和增值,推动生态环境保护与经济社会的协调发展。这种多层次、多维度的创新机制不仅能够提高生态保护的效率,还能为全球生态治理提供新的思路和经验。

(一)市场化机制创新

市场化机制创新是推动生态价值增值的重要途径。市场化机制的核心在于通过经济激励手段,使生态系统服务的价值能够在市场中得到体现,从而调动社会各界参与生态保护的积极性。①

首先,构建生态补偿市场体系是市场化机制创新的关键。通过设立生态补偿基金,明确生态系统服务的交易标准和规则,可以实现生态服务的市场化交易。政府应积极推动生态补偿市场的发展,制定相应的法律法规和政策,保障生态补偿交易的规范化和透明化。生态补偿市场的建立,可以通过经济手段有效调动各方参与生态保护的积极性,促进生态资源的可持续利用。

其次,推广绿色金融工具是市场化机制创新的重要举措。绿色金融工具包括绿色债券、绿色基金、绿色保险等,通过金融手段引导社会资本流向生态保护领域。政府应制定绿色金融发展的政策和激励措施,鼓励金融机构开发和推广绿色金融产品,支持企业和个人参与生态保护项目。绿色金融工具的应用,可以为生态保护提供充足的资金支持,促进生态价值增值。

最后,建立生态产品认证和标识制度,是市场化机制创新的重要组成部分。通过对生态产品的认证和标识,增强消费者对生态产品的认知和信任,提升生态产品的市场竞争力。政府应制定生态产品认证和标识的标准和程序,建立权威的认证机构,确保认证过程的科学性和公正性。生态产品认证和标识制度的实施,可以促进生态产品市场的发展,提高生态产品的附加值,推动生态价值增值。

(二)科技创新支持

科技创新是推动生态价值增值的重要动力。通过科技手段,可

---

① 刘雅琴,张婷婷. 生态价值增值的市场化机制研究[J]. 环境保护,2019,46(4): 25-30.

以提高生态系统服务的识别和评估能力,提升生态保护和管理的效率和效果。

首先,加强生态监测和评估技术的研发和应用,是科技创新支持的重要方向。通过采用遥感、GIS、大数据等先进技术手段,可以实现对生态系统的动态监测和全面评估。政府应加大对生态监测和评估技术的投入,支持相关科研机构和企业开展技术研发和应用推广。生态监测和评估技术的进步,可以为生态保护决策提供科学依据,提升生态管理的精细化水平。[1]

其次,推动生态修复和保护技术的创新和应用,是科技创新支持的重要内容。生态修复和保护技术包括生物修复、生态工程、环境治理等,通过科学手段恢复和保护生态系统的功能和服务。政府应加强对生态修复和保护技术的研发支持,鼓励科研机构和企业开展技术创新和应用示范。生态修复和保护技术的创新,可以提高生态修复的效率和效果,推动生态系统的恢复和可持续利用。

最后,开发和推广生态友好型技术和产品,是科技创新支持的重要举措。生态友好型技术和产品包括清洁能源技术、节能环保产品、循环经济技术等,通过技术手段减少对生态环境的负面影响,促进资源的高效利用。政府应制定生态友好型技术和产品的推广政策,支持相关企业开展技术研发和市场推广。生态友好型技术和产品的应用,可以减轻生态环境的压力,提升生态价值增值的可持续性。

---

[1] 张伟. 生态修复技术的创新与应用 [J]. 环境科学与技术, 2018, 31 (6): 74-80.

(三) 国际合作与交流

国际合作与交流是推动生态价值增值的重要途径。通过与国际社会的合作，可以借鉴先进的生态保护经验和技术，提升本国的生态保护水平和能力。①

首先，加强生态保护政策和经验的国际交流与合作，是国际合作与交流的重要内容。通过参与国际生态保护会议和论坛，与各国政府和国际组织交流生态保护政策和经验，可以借鉴先进的生态保护理念和模式，提升本国的生态保护水平。政府应积极参与国际生态保护合作，制定国际合作的政策和措施，推动生态保护的国际交流与合作。

其次，推动生态保护技术和项目的国际合作，是国际合作与交流的重要方向。通过与国际科研机构和企业合作，开展生态保护技术和项目的合作研发和示范应用，可以引进先进的生态保护技术和管理经验，提升本国的生态保护能力。政府应加强与国际科研机构和企业的合作，支持生态保护技术和项目的国际合作，推动生态保护技术的创新和应用。

此外，积极参与国际生态治理，是国际合作与交流的重要举措。通过参与国际生态治理机制和协议，与各国共同应对全球生态环境问题，可以提升本国在国际生态治理中的话语权和影响力。政府应积极参与国际生态治理机制，履行国际生态治理协议，推动国际生态治理的合作与共赢。

---

① 杨雅琳. 促进生态文化国际交流与合作 [J]. 天津经济, 2007 (6): 42-45.

综上所述，创新生态价值增值制度机制需要从市场化机制创新、科技创新支持、国际合作与交流三方面入手。通过构建生态补偿市场体系，推广绿色金融工具，建立生态产品认证和标识制度，可以推动市场化机制创新。通过加强生态监测和评估技术的研发和应用，推动生态修复和保护技术的创新和应用，开发和推广生态友好型技术和产品，可以提升科技创新的支持力度。通过加强生态保护政策和经验的国际交流与合作，推动生态保护技术和项目的国际合作，积极参与国际生态治理，可以促进国际合作与交流。通过多层次、多维度的创新机制，可以有效推动生态系统服务的识别、评估和增值，实现生态环境的保护和经济社会的协调发展。

本书通过对生态价值增值制度和规制作用的详细阐述，揭示了其在生态保护和增值中的关键作用。通过分析利益相关者的互动、信息传播路径、资源和支持网络等方面，探讨了生态价值增值的实现机制，并提出了完善生态价值增值制度和规制的建议。未来的研究应进一步加强对生态价值增值机制的实证分析，探索更加有效的政策和管理手段，实现生态环境保护和经济社会发展的协同共进。

第九章

生态价值增值与数字资产

在生态领域，数据是决策的基础，也是创新的源泉。通过对数据的采集、整理和分析，可以积累丰富的生态数字资产。这些数字资产不仅可以用于政府管理和决策，还可以在数据市场中实现价值变现。随着数据价值的不断挖掘，绿色数字资产将成为生态价值增值的重要途径。因此，本章阐述"数字资产"的概念，系统分析了生态价值增值与数字资产的关系，为数字资产更好地服务于生态价值增值提供理论依据。

第一节 数字资产

一、数字资产的概念及内涵

（一）概念

随着数字经济的迅速崛起，我国数字资产估值也进入了新的发展阶段。从全球企业地区产业数字化转型的支出划分来看，2022年美国的企业数字化转型支出最多，占据了全球35%的份额，其次为西欧发达国家企业，而中国企业紧随其后。① 这表明我国在数字经济领域的发展速度迅猛，对数字化技术的投资和转型需求日益增长。

数字资产指以电子数据形式存在的资产，它依托于互联网和其他现代信息技术，具有虚拟性、信息化和非货币性的特点。与传统的实体资产不同，数字资产不占据物理空间，且易于复制和传播。"数字资产"最早由海伦·迈耶（Helen Meyer）在《维护数字资产技巧》一文中提出。② 阿尔伯特·范·尼凯克（Albert Van Niekerk）将数字资产定义为"被格式化为二进制源代码并拥有使用权的文本或媒质等任何事物项"③。罗德·亨德尔斯（Rod Genders）和亚当·斯特恩（Adam Steena）指出，数字资产包括任何能以数字形式在线访问和持有的资产。④ 在我国，数字资产的定义通常是指由企业合法拥有或控制，预期在未来能够为企业带来实际经济利益的数字化资源。根据光大银行的定义，数字资产具有依托性、形式多样性、可共享性、零成本复制、可加工性、多次衍生性、价值易变性，以及

---

① 庞明，张祺浩，王慧. 数字经济背景下我国数字资产估值研究 [J]. 中国集体经济，2023（35）：9-12.
② MEYER H. Tips for Safeguarding Your Digital Assets [J]. Computers & Security, 1996, 15 (7): 576-588.
③ NIEKERK A V. A Methodological Approach to Modern Digital Asset Management: An Empirical Study [C]. New Orleans: Allied Academies International Conference, International Academy for Case Studies, 2006.
④ GENDERS R, STEENA A. Financial and Estate Planning in the Age of Digital Assets: A Challenge for Advisors and Administrators [J]. Financial Planning Research Journal, 2017, 3 (1): 75-80.

非实体和无消耗性等八大优点。

然而,与发达国家相比,我国的数字经济市场还处于起步阶段,数字资产的评估和交易机制尚不完善。例如,在数字资产入表方式、信息保护等方面还存在许多难点问题。此外,由于法律框架尚未完全成熟,对于数字资产的法律属性及其权益的保护也存在一定争议。

尽管存在挑战,我国政府高度重视数字经济的发展。《关于"十四五"数字经济发展规划的通知》强调了要鼓励市场主体探索数字资产定价机制,推动形成数字资产目录,并逐步完善数据定价体系。① 同时开展数据要素市场的培育试点工程,健全数据交易平台的交易机制。这些举措的实施标志着我国正致力于构建规范的数字资产市场环境,以促进数字经济产业的健康发展。

综上所述,我国的数字资产现状正处于一个快速发展的阶段,但同时也面临着一系列挑战和难题。未来需要进一步完善相关的法律制度和市场监管机制,建立健全的数字资产评估和交易体系,以确保数字经济的健康可持续发展。

(二) 内涵

数字资产的内涵可以从以下方面进行总结。

第一点,无形资产属性:数字资产属于企业的无形资产,因为它存在于虚拟环境中,不占据物理空间。第二点,形成来源:它源于企业或个人的交易活动、电子支付等行为,以及专利、知识产权

---

① 庞明,张祺浩,王慧. 数字经济背景下我国数字资产估值研究[J]. 中国集体经济,2023 (35):9-12.

等科技活动。第三点,表现形式:数字资产以电子数据的形式存在,是非货币性的资产,用于出售或生产经营活动。第四点,交易特性:数字资产具有交易性,有明确的权益享有人或所有者。第五点,价值和使用价值:在市场交易中,数字资产成为商品实现其价值;在企业内部使用时,则发挥使用价值职能。第六点,广义与狭义:狭义上,数字资产特指数字货币,包括公有和私有数字货币;广义上,它包括所有以数字形式表示的有价值的符号,如信息系统数据、行业数据等。第七点,数据资源:大数据是重要的数字资源,但只有经过清洗、整理后的数据才具有价值和使用价值。第八点,商业企业的数字资产:如商业银行的数字资产包括核心系统衍生的数据、客户数据、品牌宣传产生的数据、信用卡积分等。[1]

这些要义共同构成了数字资产的基本内涵,它们反映了数字资产在现代经济体系中的重要性和多维性。

二、数字资产的经营与管理

数字资产经营与管理在互联网时代对企业具有重要作用和意义。

数字资产经营与管理是指对数字化、网络化、信息化的资产进行有效的经营和管理,以实现资产的价值最大化。这包括对数据资产、数字版权、数字货币等各类数字资产的管理。数据资产管理:数据是数字资产的核心,包括企业的内部数据和外部数据。通过对

---

[1] 陆岷峰,王婷婷.基于数字经济背景下的数字资产经营与管理战略研究:以商业银行为例[J].西南金融,2019(11):80-87.

数据的收集、整理、分析和应用，可以为企业创造巨大的商业价值。数字版权管理：数字版权是指数字化的内容的版权，如电子书、音乐、电影等。通过对数字版权的有效管理，可以保护创作者的权益，同时也能为消费者提供更好的服务。数字货币管理：随着区块链技术的发展，数字货币（如比特币、以太坊等）越来越受到关注。对这些数字货币的有效管理，可以帮助投资者更好地理解和使用这些新型资产。

数字资产的经营与管理是指对企业或个人所拥有的数字资产进行有效识别、评估、保护、利用和监控的一系列活动。在数字经济快速发展的背景下，数字资产已经成为企业价值创造和竞争优势的重要组成部分。[①] 因此，对数字资产进行科学、系统的管理显得尤为重要。以下为数字资产管理的关键方面。

（一）识别与分类

首先，需要对数字资产进行全面识别，包括数据资产、数字内容、软件、数字知识产权等。其次，根据数字资产的不同特性和用途，进行合理的分类，以便后续的评估和管理。

（二）价值评估

数字资产的价值往往难以直接衡量，需要结合其独特性、稀缺性、潜在收益等方面因素进行综合评估。通过价值评估，可以更加清晰地了解数字资产在企业战略中的重要性和作用。

---

① 刘东辉. 数字资产核算与管理相关问题探析［J］. 商业经济，2023（1）：168-173.

（三）保护与安全

数字资产的安全性和保密性是其价值得以保持和增值的基础。因此，需要建立完善的数字资产保护机制，包括数据加密、访问控制、备份恢复等措施，确保数字资产不被非法获取、篡改或泄露。在数字资产经营与管理中，网络安全是非常重要的一环。通过加强网络安全防护，可以防止数字资产被非法窃取或滥用。此外，合规管理也是数字资产经营与管理的重要环节。由于数字资产的特殊性，其经营与管理需要遵循相关的法律法规，如数据保护法、版权法等。

（四）利用与增值

数字资产的利用是实现其价值的关键。通过数据挖掘、分析、利用等技术手段，可以充分挖掘数字资产的潜在价值，为企业创造更多的商业机会和利润。同时，也需要关注数字资产的更新和升级，以保持其持续竞争力。

（五）监控与报告

建立完善的数字资产监控体系，对数字资产的使用情况、价值变化等进行实时监控和报告。通过监控和报告，可以及时发现数字资产管理中存在的问题和风险，并采取相应的措施进行改进和优化。

数字资产管理是企业在数字经济时代面临的重要挑战。通过全面识别、合理分类、价值评估、安全保护、有效利用和实时监控等管理活动，可以确保数字资产的安全、保值和增值，为企业创造更多的价值。同时，也需要不断关注数字技术的最新发展，及时更新和优化数字资产管理体系，以适应不断变化的市场环境。

第二节　生态价值增值与数字资产的关系

生态价值增值与数字资产的关系体现在两者均为现代经济体系中重要的组成部分，且都与可持续发展紧密相关。

生态价值增值指通过保护和改善生态环境，提升生态系统服务功能，从而增加的生态福利和经济价值。这一概念强调了自然环境对人类福祉的贡献，以及在经济发展中考虑生态平衡的重要性。生态价值的实现可以通过多种方式，如生态补偿机制、绿色基础设施建设、环境友好型产业的发展等。

数字资产则是指在数字化时代背景下，企业或个人所拥有的以电子数据形式存在的资产。这些资产包括数据库、软件、数字媒体内容等，它们依托于信息技术的发展，具有多样的形式和广泛的应用场景。数字资产的管理和应用能够促进数字经济的发展，提高企业的运营效率和创新能力。

生态价值增值与数字资产之间存在一种相互关联、相互促进的关系。两者之间的联系体现在以下方面。

一、技术融合

随着信息技术的发展，数字资产管理和生态价值评估都可以利用先进的数据分析工具和技术来实现更高效和精确的管理。例如，大数据分析和人工智能技术可以帮助更好地理解和量化生态系统服务的效益。随着数字技术的不断发展，我们能够更加准确地测量、量化和跟踪生态系统的服务和功能，包括碳储存、水循环、空气净化等。① 这些数据化的生态价值可以被视为一种数字资产，因为它们提供了关于生态系统状况、变化及其对人类福祉影响的关键信息。

二、支持绿色金融和可持续发展

生态价值增值和数字资产管理都是实现可持续发展目标的重要手段。它们在共同推动了经济增长的同时保护了环境，体现了现代经济体系追求绿色、低碳发展的趋势。数字资产和区块链技术为绿色金融和可持续发展提供了新的机会。例如，通过区块链技术，可以确保生态资产交易的透明度和可追溯性，从而增加投资者的信心。此外，数字资产还可以作为抵押品或投资工具，吸引更多的资本流入生态保护领域，进一步推动生态价值的增值。

三、推动生态保护的市场机制

生态价值的数字化表示有助于推动生态保护的市场机制，如碳市场、水权交易等。② 这些市场机制允许生态系统服务的提供者（如农民、森林所有者）通过出售他们的生态服务（如碳减排量、

---

① 孙博文. 建立健全生态产品价值实现机制的瓶颈制约与策略选择[J]. 改革，2022(5): 34-51.
② 黄林，孙波，杨振华，等. 数字赋能生态产品价值实现机制研究[J]. 河南工业大学学报（社会科学版），2024，40(2): 1-9.

清洁水源）来获得经济回报。这些交易通常以数字资产（如碳信用额度、水权证书）的形式进行，从而实现了生态价值的增值。

四、社会参与和公众意识

在生态价值评估和数字资产管理过程中，公众的参与和意识提升都起到了关键作用。这不仅有助于提高社会各界对环境保护和数字化转型的认识，还能促进社会资源的合理配置和社会利益的最大化。通过数字平台和技术，公众可以更方便地了解和参与生态保护活动。这有助于提高公众对生态价值的认识和重视，并促进生态价值增值的实现。

五、政策支持

政府在推动数字经济发展和生态环境保护方面都有相应的政策支持。这为数字资产的增值提供了政策背景，同时也促进了生态价值评价体系的建立和完善。

总的来说，生态价值增值与数字资产之间的关系体现在它们共同推动了生态保护和可持续发展的目标。通过利用数字技术来数字化、量化和交易生态价值，我们可以更好地保护和利用自然资源，实现人与自然的和谐共生。

第十章

生态价值增值经济学的未来展望

生态价值增值经济学,尤其是生态价值增值的经济理论方法和应用,是当前生态环境保护和经济发展研究中的热点话题。随着社会对生态环境的重视程度不断提升,如何将生态价值纳入经济决策和发展规划成为重要课题。这一领域的发展不仅对于实现可持续发展具有重要意义,而且为经济政策的制定提供了新的视角和工具。以下是对未来生态价值增值经济学的展望。

第一节 生态价值增值经济学理论方法的未来展望

从理论方法的角度来看,未来的研究将倾向于更加深入地探讨和分析生态系统服务和生物多样性的价值。这包括将更复杂的生态系统过程和功能纳入生态价值评估模型,以及考虑经济活动与生态环境之间的非线性关系和时滞效应。未来的理论发展还将强调不同空间尺度和时间尺度上的生态价值评估,从而更精确地反映生态系统在不同环境下的价值变化。

一、集成多学科的研究方法

未来的理论方法将更多地集成生态学、经济学、社会学、心理学等学科的研究成果，形成跨学科的分析框架。这种融合将有助于更全面地理解生态系统服务的复杂性及其对人类福祉的影响。

（一）生态学与经济学的融合

生态学家和经济学家将共同努力，开发能够全面评估生态系统服务经济价值的新模型。这些模型将考虑到生态系统功能与人类经济活动之间的相互作用，以及环境变化对经济系统的长期影响。通过量化生态服务的价值，这些模型将帮助决策者在制定政策时更好地平衡生态保护与经济发展的关系。

（二）社会学与生态价值的结合

社会学家将研究公众对生态系统服务的认知、评价和需求，以确保生态价值评估反映了广泛的社会价值观和利益相关者的需求。通过调查和参与式评估，研究者能够了解不同社会群体对生态系统服务的依赖程度，从而更精确地估算这些服务的社会价值。

（三）空间分析与社会—生态系统的映射

GIS 和 SNA 等空间分析技术将被广泛应用于生态价值评估，以映射社会—生态系统的结构和功能。这将有助于识别生态系统服务供给与需求的空间分布，以及生态价值在不同社区中的分布不均问题。

（四）全球变化与生态价值的综合评估

考虑全球气候变化和全球化对生态系统服务的影响，未来的研究将更加注重全球尺度上的生态价值评估。这包括评估气候变化对生态系统服务供给能力的影响，以及全球化对生态资源分配和生态价值认知的影响。

（五）文化价值与生态系统服务

未来研究将探讨不同文化背景下生态系统服务的价值，并将文化价值纳入生态价值的综合评估。这将促进跨文化理解和合作，为全球生态保护提供更广泛的视角。

二、动态评估和预测模型的开发

研究者将开发出更加动态和精细的模型来评估生态价值，这些模型能够反映生态系统状态的连续变化及其对生态系统服务价值的影响。动态模拟和预测将成为常态化的分析工具。在未来的生态价值增值经济分析中，实时数据集成与分析将发挥至关重要的作用。随着科技的快速发展，特别是遥感技术、物联网和大数据技术的进步，我们正在进入一个前所未有的数据丰富的时代。这些技术的发展将极大地增强动态评估模型的能力，使其能够实时接收和处理来自全球各地的生态和社会经济活动数据，为生态价值的评估和管理提供及时、准确的输入。

（一）遥感技术的应用

遥感技术，包括卫星图像和航空摄影，将使研究者能够监测和评估全球范围内的生态系统变化。高分辨率和高频率的卫星数据可以提供关于森林覆盖、水体质量、土地退化等关键生态参数的实时信息。这些信息对于理解和量化全球生态系统服务的变化至关重要。

（二）物联网的贡献

物联网技术，通过在自然环境中部署大量的传感器网络，可以实时收集关于温度、湿度、土壤条件、水质、生物多样性等的数据。这些数据不仅为生态模型提供了高质量的输入，还能通过实时监测帮助科学家及时发现环境问题，并采取相应的保护措施。

（三）大数据技术的集成

大数据技术的应用将使研究者能够处理和分析前所未有的数据量。通过利用先进的数据处理和分析工具，如机器学习和云计算，研究者可以从复杂的大数据集中提取有价值的信息，并将其转化为可操作的生态管理知识。

（四）气候变化数据的整合

气候变化对生态系统产生深远影响。实时集成气候变化数据，如气温变化、极端天气事件频率、海平面上升等，对于预测生态系统服务的未来变化至关重要。这些数据将帮助构建更为精确的生态模型，预测气候变化对生态系统服务价值的潜在影响。

（五）土地利用变化的监测

土地利用变化是影响生态系统服务的重要因素。通过实时监测全球土地利用变化，如城市化、农业扩张、森林砍伐等，研究者可以更好地理解这些变化对生态系统服务的影响，并据此调整和保护管理模式。

（六）生物多样性观测的扩展

生物多样性是生态系统健康和稳定性的重要指标。通过实时监测物种多样性、种群动态和生态系统结构，研究者可以更好地了解生态系统的健康状况，并预测人类活动对其的潜在影响。

（七）资源消耗率的分析

实时监控资源消耗率，如水资源、能源和原材料的使用，对于评估生态系统服务的价值和可持续性至关重要。这些数据将帮助研究者评估人类活动对生态系统的压力，并制定更有效的资源管理策略。

综上所述，通过实时数据集成与分析，未来的生态价值评估将更加准确和及时，能够为生态保护和可持续发展提供强有力的支持。这些技术的应用将推动生态价值增值经济分析进入一个新的时代，使其能够在不断变化的全球环境中发挥更大的作用。

三、大数据和人工智能技术的应用

随着大数据和人工智能技术的发展，未来的生态价值评估将更多地利用这些技术来处理大量的环境数据，提高评估的准确性和效率。机器学习和深度学习等方法将在生态价值评估中发挥重要作用。

以下是利用人工智能技术提高生态价值评估的准确性和效率的方法。

（一）数据收集与处理

人工智能技术，尤其是机器学习和深度学习算法，可以处理大量的环境数据,包括卫星图像、气候数据、土壤类型等。这些数据可以用于训练模型,以识别生态系统的类型、健康状况,以及它们提供的服务。自动化数据处理减少了传统手工数据处理的时间和误差,提高了评估的效率。

(二)自动化图像解析

利用计算机视觉技术,人工智能可以解析来自无人机、飞机或卫星的图像,识别不同的生态特征,如植被覆盖度、水体污染程度、土地利用变化等。这些信息对于评估生态系统服务的价值至关重要。

(三)生态模型模拟

通过机器学习方法建立的生态模型可以模拟生态系统的行为和反应,预测生态系统在不同管理策略下的变化趋势,为决策提供科学依据。这些模型可以帮助科学家更好地理解生态系统的复杂性,提高生态价值评估的准确性。

(四)预测未来变化

人工智能技术能够整合历史数据和当前趋势,预测生态系统未来的变化,如海平面上升对沿海湿地的影响、气候变化对生物多样性的潜在威胁等。这种预测能力有助于提前采取保护措施,确保生态系统服务的持续供给。

(五)自然语言处理

自然语言处理技术可以分析来自科研文献、报告和公共数据库的大量文本信息,提取关于生态系统服务和生态价值评估的关键信息。这有助于科学家和决策者获取最新的研究成果和案例研究,提高评估的科学性和实用性。

（六）监测和预警系统

人工智能可以用于开发高效的监测和预警系统，实时跟踪生态系统健康和功能的变化，及时发现潜在的生态问题，为快速响应和干预提供数据支持。

通过这些方法，人工智能技术不仅能够提高生态价值评估的准确性和效率，还能促进更广泛的公众参与和更科学的决策过程，为实现生态系统的可持续管理提供强有力的支持。

四、全球价值评估标准化

为了促进国际间的比较和合作，未来可能会有更多努力去标准化生态价值评估的方法和流程，建立普遍接受的评价标准和指标体系。这一趋势不仅有助于促进国际间的比较和合作，还能够提高生态价值评估的准确性、透明度和互信度。全球价值评估标准化的核心在于开发一套普遍接受的评价标准和指标体系，这些标准和指标将跨越不同国家和地区，适用于各种生态系统类型和人类活动。

（一）建立通用评价标准

为了实现全球价值评估的标准化，科学家和决策者将致力于建立一套通用的评价标准。这些标准将涵盖生态系统服务的识别、分类和评估方法，确保不同研究的结果具有可比性。例如，可以开发统一的生态系统服务分类系统，对不同类型的生态系统服务（如调节服务、供给服务、文化服务等）进行标准化描述和评估。

（二）发展统一指标体系

与评价标准相配套，未来的工作还将包括发展一套统一的指标体系。这套指标体系将包含定量和定性指标，用于衡量生态系统服务的不同方面，如生物多样性、水资源质量、土壤健康、碳储存量等。统一的指标体系将使不同国家和地区的生态价值评估结果能够进行直接比较，从而为全球环境政策的制定提供科学依据。

（三）推广最佳实践和指南

为了推动全球价值评估的标准化，国际社会将努力总结和推广最佳实践和评估指南。这些最佳实践将基于当前科学研究的最新进展，提供关于如何进行准确、可靠和高效生态价值评估的详细指导。同时，通过培训、研讨会和在线资源，研究者和决策者将共享知识和技能，提高全球范围内生态价值评估的专业水平。

（四）加强跨国界科学研究合作

全球价值评估标准化的实现需要加强跨国界的科学研究合作。未来的研究项目将更多地采用国际合作的方式，汇集不同国家的科学家、政策制定者和利益相关者共同工作，以解决全球性的生态环境问题。这种合作不仅有助于统一评估方法和标准，还能促进知识和经验的交流，提高全球生态价值评估的整体质量。

（五）促进政策和法规的一致性

全球价值评估标准化还涉及促进国际间政策和法规的一致性。通过协调不同国家的环境政策和立法，可以更有效地保护全球生态系统，实现可持续发展目标。这可能包括制定国际协议、推广生态标签和认证系统,以及实施跨境生态保护项目。

(六)提高公众参与和意识

全球价值评估标准化的成功实施还需要提高公众参与和意识。通过教育和宣传活动,公众将更加了解生态价值评估的重要性和方法,从而支持相关政策和措施的实施。公众参与还可以提高评估过程的透明度和社会接受度,确保评估结果能够反映广泛社会价值观和需求。

综上所述,全球价值评估标准化将是未来生态价值增值经济分析理论方法发展的重要方向。通过建立通用的评价标准和指标体系,推广最佳实践,加强国际合作,促进政策一致性,以及提高公众参与,可以更好地保护和管理全球生态系统,实现人类社会的可持续发展。

五、风险和不确定性的明确考量

在未来的生态价值增值经济分析中,理论方法将更加明确地考虑评估过程中的风险和不确定性。这是由于生态系统的复杂性和多变性,以及人类活动对生态环境影响的不可预测性,使生态价值评估面临着诸多挑战。为了提高决策的健壮性和适应性,未来的理论方法将采用一系列技术和工具,如情景分析、敏感性测试等,来识别、量化和管理评估过程中的风险和不确定性。

(一)情景分析的应用

情景分析是一种强大的工具,用于探索未来可能发生的不同情况，并评估这些情况对生态系统服务价值的影响。通过构建不同的经济发展、技术进步、环境政策和社会变革等情景，研究者可以模拟各种潜在路径下的生态价值变化。这种方法有助于决策者理解未来可能出现的风险，并为应对这些风险制定灵活的策略。

（二）敏感性测试的重要性

敏感性测试是评估模型输入参数变化对输出结果影响的一种方法。通过系统地改变模型中的关键参数，如生态恢复速率、资源价格、人口增长率等，研究者可以测试模型对不同输入因素的敏感度。这有助于识别哪些因素对生态价值评估结果具有决定性的影响，从而为决策者提供关于优先干预领域的信息。

（三）概率模型的使用

概率模型是处理不确定性的一种数学工具，它通过概率分布来描述变量的潜在取值范围。在生态价值评估中，概率模型可以用来表示生态系统服务价值的概率分布，反映不同取值的可能性。这种模型可以帮助研究者和决策者更好地理解评估结果的不确定性，并为风险管理提供科学依据。

（四）模糊逻辑的引入

模糊逻辑是一种处理不精确或模糊概念的方法，它适用于处理生态系统中的不确定性和模糊性。通过引入模糊逻辑，生态价值评估可以更灵活地处理不精确的数据和模糊的分类界限，提高评估的适用性和灵活性。

（五）动态模拟和实时更新

随着信息技术的发展，未来的生态价值评估将更加依赖于动态模拟和实时数据更新。通过建立动态模型，研究者可以实时地调整评估参数，以反映最新的环境变化和数据。这种动态更新机制有助于及时捕捉生态系统的变化，减少评估过程中的不确定性。

（六）跨学科合作

为了有效地管理风险和不确定性，未来的生态价值评估将需要更多跨学科的合作。生态学家、经济学家、统计学家、计算机科学家等不同领域的专家将共同参与评估过程，提供多学科的视角和方法，以确保评估的全面性和准确性。

（七）公众和利益相关者的参与

公众和利益相关者的参与对于理解和管理生态价值评估中的风险和不确定性至关重要。通过公众参与和咨询，评估过程可以更好地反映社会价值观和需求，增加决策的社会接受度和有效性。

综上所述，未来的生态价值增值经济分析将更加强调风险和不确定性的管理。通过采用情景分析、敏感性测试、概率模型、模糊逻辑等工具，以及动态模拟、跨学科合作和公众参与等策略，可以提高评估的健壮性和适应性，为生态保护和可持续发展提供更可靠的决策支持。

第二节 生态价值增值经济学应用的未来展望

在未来，生态价值增值经济分析的应用将更加广泛和深入，以下是对其未来应用的展望。

一、绿色金融和投资

随着全球对可持续发展目标的重视，绿色金融将成为未来经济发展的重要方向。投资者和企业将更加倾向于投资那些能够产生长期生态和社会效益的项目，如可再生能源、绿色建筑和可持续农业等。生态价值增值经济分析作为评估这些项目价值的有效工具，将在绿色金融和投资决策中扮演至关重要的角色。

（一）绿色项目评估和选择

生态价值增值经济分析将为投资者提供一个量化框架，以评估不同绿色项目的长期生态和社会效益。通过计算项目对生态系统服务的影响，如可再生能源项目对减少空气污染的贡献、绿色建筑对城市热岛效应的缓解作用，以及可持续农业对生物多样性保护的促进，投资者可以比较不同项目的综合价值，从而做出更明智的投资选择。

（二）风险和机会的识别

在绿色金融领域，生态价值增值经济分析将帮助投资者识别与环境相关的风险和机会。例如，通过评估项目可能对生态系统造成的负面影响，投资者可以避免那些可能导致生态破坏或社会责任问题的项目。相反，对于那些能够增强生态系统服务并创造社会价值的项目，投资者可以将其视为潜在的投资机会。

（三）投资组合的优化

生态价值增值经济分析将使投资者能够优化其投资组合，以实现更高的环境、社会和经济效益。通过整合生态价值评估结果，投资者可以调整投资组合中的资产配置，增加对绿色项目的投资比重，减少对环境风险较高的资产的依赖。这种策略不仅有助于实现财务回报，还能提升投资者的环境声誉和社会形象。

（四）绿色债券和金融产品

生态价值增值经济分析将支持绿色债券和其他金融产品的开发与定价。发行方可以使用生态价值评估来证明项目的环境效益，从而吸引那些寻求负责任投资的投资者。同时，投资者可以利用这些分析方法来验证项目的环境影响，确保投资符合其可持续投资标准。

（五）企业融资和贷款

对于寻求融资和贷款的企业，生态价值增值经济分析将成为一个关键的评估工具。金融机构可能会要求企业提供生态价值评估报告，以证明其项目的长期可持续性和环境责任。这将激励企业采取更加环保的运营方式，并在其业务模式中整合生态价值增值策略。

（六）政府和国际组织的激励措施

政府和国际组织可能会采用激励措施，如税收优惠、补贴和赠款，来支持那些能够带来生态价值增值的绿色投资项目。生态价值增值经济分析将帮助这些机构评估和监测激励措施的效果，确保公共资金被有效用于促进环境和社会的可持续发展。

（七）绿色认证和评级

生态价值增值经济分析将促进绿色认证和评级体系的发展。这些体系将对绿色项目和企业的生态绩效进行认证和评级，为投资者提供关于项目可持续性的透明信息。通过这种方式，生态价值评估将成为推动市场向更加可持续方向发展的重要力量。

（八）环境法和政策

随着环境法律和政策的日益严格，生态价值增值经济分析将帮助企业和投资者评估其遵守法规的成本和收益。通过参与政策制定过程，企业和投资者可以确保其利益在新的法规中得到考虑，并推动创建更加公平和有效的环境治理体系。

总之，生态价值增值经济分析将在未来的绿色金融和投资领域中发挥关键作用，为投资者和企业提供评估和管理环境风险与机会的方法，促进资本流向那些能够产生长期生态和社会效益的项目。通过这种方式，生态价值增值经济分析将为实现可持续发展目标和促进绿色转型提供强有力的支持。

二、生态补偿和市场机制

生态补偿机制的建立和市场化手段的应用，例如，碳交易和水权交易，将为生态保护提供经济激励，促进生态产品和服务的市场化，实现生态价值的量化和货币化。在这一背景下，生态价值增值经济分析在生态补偿和市场机制中的应用将发挥至关重要的作用，为生态保护提供经济激励，并促进生态产品和服务的市场化。

（一）量化生态价值

生态价值增值经济分析的核心在于量化生态价值，这是建立有效生态补偿机制的基础。通过评估生态系统服务的价值，如碳吸收、水源涵养、生物多样性保护等,这种分析为生态补偿提供了客观和科学的计量标准。这有助于确定补偿的规模和范围,确保补偿措施能够充分反映生态系统服务的真实价值。

(二) 促进市场交易

生态价值增值经济分析支持了碳交易、水权交易等市场机制的发展。在碳市场中,生态价值评估可以帮助企业和政府估算减排项目的实际效益,从而在碳信用交易中定价。同样,在水权交易中,通过评估水资源的生态价值,可以确保水权定价反映了水资源对生态系统的重要性。

(三) 推动政策制定

生态价值增值经济分析为政策制定者提供了决策依据,帮助他们设计有效的生态补偿政策。这些政策可以包括对保护区管理机构的补偿、对采取可持续农业实践的农民的补贴,以及对执行生态恢复项目的企业的税收优惠。通过这些政策,政府可以激励各方参与生态保护,同时保障他们的经济利益。

(四) 激励私人投资

私人投资者和企业也可以利用生态价值增值经济分析来识别可持续的投资机会。例如,投资于森林保护项目可以通过碳信用市场获得回报,而投资于水资源管理项目则可能通过水权交易产生利润。这种经济激励促进了私人资本流向生态保护项目,增加了这些项目的资金支持。

(五) 跨区域合作

在跨区域生态保护方面,生态价值增值经济分析可以帮助不同地区之间建立补偿机制。上游地区提供的生态服务（如清洁水源、洪水调节）可以通过市场机制得到下游地区的补偿，这有助于平衡不同地区的利益，促进区域间的合作与和谐。

（六）监测和评估

生态价值增值经济分析不仅在生态补偿机制的设计阶段发挥作用，还在其执行和评估阶段至关重要。通过定期评估生态补偿项目的效果，可以确保项目目标实现，同时调整和改进政策措施，以适应不断变化的生态环境和社会需求。

总之，生态价值增值经济分析在生态补偿和市场机制中的应用，为生态保护提供了量化的基础，促进了生态产品和服务的市场化，并为各方参与者提供了经济激励。这些应用将有助于实现生态价值的量化和货币化，推动社会向更加可持续和生态友好的方向发展。

三、生态系统服务的恢复与再造

未来将有更多活动放在恢复和再造生态系统服务上，如湿地恢复、森林植树和草地养护等，这些活动不仅提升生态价值，还有助于增强生态系统的韧性和适应气候变化的能力。

（一）评估恢复项目的生态价值

生态价值增值经济分析将为生态系统恢复项目提供量化的评估框架。通过评估恢复后的生态系统服务的价值，如提高碳固定、增加生物多样性、改善水质和增加旅游收入等，这种分析可以帮助决策者识别哪些恢复项目能够带来最大的生态和经济回报。这有助于优先分配有限的资源,确保恢复努力能够实现最大的环境效益。

(二) 促进多方参与和融资

生态价值增值经济分析可以揭示生态系统服务恢复的潜在经济利益,从而吸引私人投资者、政府和企业参与融资。通过展示恢复项目的经济可行性和长期收益,这种分析有助于形成公私合作伙伴关系,共同投资于生态系统的恢复和再造。此外,分析结果还可以用于设计激励措施,如税收优惠、补贴或信贷支持,以鼓励更多的投资流向这些项目。

(三) 指导项目实施和管理

生态价值增值经济分析不仅在项目规划阶段有用,还可以指导恢复项目的实时管理和调整。通过监测生态系统服务的变化,分析可以提供关于项目进展的反馈,帮助管理者及时调整恢复策略,以确保项目目标实现。这种动态管理有助于优化资源使用,提高恢复工作的效率和效果。

(四) 增强社区参与和教育

生态价值增值经济分析还可以作为社区参与和教育的工具。通过向公众展示生态系统恢复项目的直接和间接经济效益,这种分析可以增强社区对恢复项目的支持和参与。此外,分析结果可以用于教育公众,提高他们对生态系统服务价值的认识,从而促进更广泛的环境保护意识。

(五) 支持政策制定和环境立法

生态价值增值经济分析为政策制定者和环境立法者提供了科学依据。通过量化生态系统服务的价值,这种分析可以帮助制定更有效的环境政策和法规，确保生态系统恢复和保护工作得到适当的法律支持。这包括制定补偿机制、确定保护区边界和制定土地使用规划等。

（六）促进国际合作和知识交流

在全球化的背景下，生态系统服务的恢复和再造往往涉及跨国界的问题。生态价值增值经济分析可以促进国际合作，通过共享数据和经验，帮助不同国家了解生态系统恢复的共同利益。这种合作有助于协调国际努力，共同应对全球性的生态环境挑战。

总之，生态价值增值经济分析在生态系统服务的恢复与再造中的应用，为恢复生态提供了量化的基础，促进了多方参与和融资，并支持了政策制定和国际合作。这些应用将有助于实现生态价值的提升，同时增强生态系统的韧性和适应气候变化的能力，推动社会向更加可持续和生态友好的方向发展。

四、城市和地区可持续发展

城市和地区将成为实践生态价值增值与经济分析的重要场所。通过改善城市规划、增强绿色基础设施建设和提升生态环境管理水平，促进地区经济的绿色可持续发展。

（一）优化城市规划

生态价值增值经济分析将为城市规划提供科学依据，帮助规划者评估不同城市发展方案对生态系统服务的影响。通过这种分析，规划者可以设计出既满足人类居住和经济活动需求，又能保护和增强生态价值的城市布局。例如，通过优化绿地配置、水体恢复和生物多样性保护区的建设，可以提升城市的生态功能，同时提高居民的生活质量。

（二）促进绿色基础设施建设

生态价值增值经济分析将支持绿色基础设施项目的投资决策。这些项目包括雨水花园、绿色屋顶、城市农业和森林等，它们旨在提供生态系统服务，如减少城市热岛效应、提高空气质量、增加碳吸收和提供休闲娱乐空间。通过量化这些服务的经济价值，生态价值增值经济分析可以帮助城市管理者和投资者比较绿色基础设施与传统基础设施的成本和收益，从而推动绿色基础设施的建设。

（三）提升生态环境管理水平

在生态环境管理方面，生态价值增值经济分析可以用于评估城市政策和行动对生态系统服务的影响。例如，通过分析城市扩张对周边农田和自然栖息地的影响，城市管理者可以采取措施减少这些活动对生态系统的负面影响。此外，生态价值增值经济分析还可以帮助城市识别和管理生态风险，如洪水、干旱和海平面上升，通过建立弹性城市设计来减少这些风险的潜在经济损失。

（四）激励绿色生活方式

生态价值增值经济分析还可以激励居民和企业采取绿色生活方式。通过揭示个人和集体行为对生态价值的影响，这种分析可以促进环境友好的消费模式和生产实践。例如，企业可以通过采用清洁能源和循环经济原则来减少对生态系统的负面影响，而居民则可以通过减少浪费、使用公共交通和参与社区绿化来提升生态价值。

（五）支持环境教育和公众参与

生态价值增值经济分析的结果可以用于环境教育和公众参与活

动,提高居民对生态系统服务价值的认识。通过学校教育、社区研讨会和媒体宣传,公众可以了解他们的日常生活如何影响生态系统,并学习如何通过日常行为改变来保护和增强生态价值。这种提高的环境意识将有助于形成更加可持续的社会行为模式。

(六)促进政策整合和社会合作

生态价值增值经济分析为政策整合提供了工具,使环境、经济和社会目标可以在决策过程中得到平衡。这种分析可以促进跨部门合作,如环境保护部门与城市规划、交通和水务部门的协同工作,共同制定综合性策略,实现可持续发展目标。同时,生态价值增值经济分析还可以吸引非政府组织、企业和民间团体参与城市可持续发展项目,形成多方合作的局面。

总之,生态价值增值经济分析在城市和地区可持续发展中的应用,为改善城市规划、增强绿色基础设施建设和提升生态环境管理水平提供了科学依据和决策支持。这些应用将有助于实现城市和地区的绿色可持续发展,同时提升居民的生活质量,促进经济、社会和环境的和谐共生。

五、国际合作

面对全球性的生态环境挑战,如气候变化和生物多样性损失,国际合作将是解决这些问题的关键。通过共享数据、技术和经验,全球合作将促进生态价值增值与经济分析的全球应用和发展。

参考文献

一、中文文献

(一) 著作

[1] 蔡军. 公共政策管理 [M]. 北京: 经济科学出版社, 2010.

[2] 戴利. 生态经济学: 原理和应用 [M]. 第二版. 金志农, 译. 北京: 中国人民大学出版社, 2014.

[3] 郭庆旺, 赵志耘. 公共经济学 [M]. 北京: 清华大学出版社, 2006.

[4] 卡尔兰, 默多克. 认识经济 [M]. 贺京同, 等, 译. 北京: 机械工业出版社, 2018

[5] 柯武刚, 史漫飞. 制度经济学: 社会秩序与公共政策 [M]. 韩朝华, 译. 北京: 商务印书馆, 2003.

[6] 波特. 竞争优势 [M]. 陈丽芳, 译. 北京: 中信出版社, 2014.

[7] 毛文永. 生态环境影响评价概论 [M]. 北京: 中国环境科学出版社, 1998.

[8] 潘鸿, 李恩. 生态经济学 [M]. 长春: 吉林大学出版社,

2010.

[9] 任勇，冯东方，俞海. 中国生态补偿理论与政策框架设计[M]. 北京：中国环境科学出版社，2008.

[10] 石敏俊. 资源与环境经济学[M]. 北京：中国人民大学出版社，2021.

[11] 汪劲，王社坤，严厚福. 抵御外来物种入侵：法律规制模式的比较与选择[M]. 北京：北京大学出版社，2009.

[12] 王金南，葛察忠，高树婷. 环境税收政策及其实施战略研究[M]. 北京：中国环境科学出版社，2006.

[13] 王松霈. 生态经济学[M]. 西安：陕西人民教育出版社，2000.

[14] 卫兴华，林岗. 马克思主义政治经济学原理[M]. 北京：中国人民大学出版社，2001.

[15] 中共中央马克思恩格斯列宁斯大林著作编译局. 马克思恩格斯全集[M]. 北京：人民出版社，2006.

[16] 中国生态补偿机制与政策研究课题组. 中国生态补偿机制与政策研究[M]. 北京：科学出版社，2007.

[17] 左玉辉. 环境经济学导论[M]. 北京：高等教育出版社，2003.

（二）期刊

[1] 曹景华，王志秀，王学义. 黄河三角洲实施"生态湿地恢复工程"[J]. 走向世界，2004（2）.

[2] 陈永新，李晓红. 利益相关者互动对生态保护的影响[J]. 自然资源学报，2010，25（3）.

[3] 陈宗伟，申静. 环境规制中的生态价值内部化：理论、模

型及政策设计［J］. 生态经济, 2019, 35 (6).

［4］崔保山, 杨志峰. 湿地生态系统健康评价指标体系［J］. 生态学报, 2002, 22 (7).

［5］董全. 生态功益: 自然生态过程对人类的贡献［J］. 应用生态学报, 1999, 10 (2).

［6］杜健勋, 卿悦. "生态银行"制度的形成、定位与展开［J］. 中国人口·资源与环境, 2023, 33 (2).

［7］杜万平. 完善西部区域生态补偿机制的建议［J］. 中国人口·资源与环境, 2001, 11 (3).

［8］樊辉, 赵敏娟. 自然资源非市场价值评估的选择实验法: 原理及应用分析［J］. 资源科学, 2013, 35 (7).

［9］樊轶侠, 王正早. "双碳"目标下生态产品价值实现机理及路径优化［J］. 甘肃社会科学, 2022 (4).

［10］方大春. 生态资本理论与安徽省生态资本经营［J］. 科技创业月刊, 2009, 22 (8).

［11］高晓龙, 林亦晴, 徐卫华, 等. 生态产品价值实现研究进展［J］. 生态学报, 2020, 40 (1).

［12］顾向一, 徐茹娴. 长江经济带水生态环境治理区域协同立法的检视及完善途径［J］. 水利经济, 2024, 42 (2).

［13］桂小杰, 葛汉栋, 张琛. 湖南森林和湿地生态系统的恢复与水资源保护［J］. 湖南林业科技, 2003, 30 (1).

［14］郭恩泽, 曲福田, 马贤磊. 自然资源资产产权体系改革现状与政策取向: 基于国家治理结构的视角［J］. 自然资源学报, 2023, 38 (9).

［15］郭忠升, 邵明安. 雨水资源、土壤水资源与土壤水分植被

承载力 [J]. 自然资源学报, 2003, 18 (5).

[16] 黄林, 孙波, 杨振华, 等. 数字赋能生态产品价值实现机制研究 [J]. 河南工业大学学报（社会科学版）, 2024, 40 (2).

[17] 霍丽云. 基因多样性：生物多样性保护的重要任务 [J]. 中国人口·资源与环境, 2000, 10 (A2).

[18] 金铂皓, 马贤磊. 生态资源禀赋型村庄何以实现富民治理：基于浙南 R 村的纵向案例剖析 [J]. 农业经济问题, 2024 (6).

[19] 靳芳, 鲁绍伟, 等. 中国森林生态系统服务价值评估指标体系初探 [J]. 中国水土保持科学, 2005, 3 (2).

[20] 李敬, 陈澍, 万广华, 等. 中国区域经济增长的空间关联及其解释：基于网络分析方法 [J]. 经济研究, 2014, 49 (11).

[21] 李尚远. 威廉·配第《赋税论》中的税收思想研究 [J]. 企业导报, 2015 (9).

[22] 李伟, 张丽. 中国生态补偿政策研究：现状、问题与对策 [J]. 环境经济研究, 2018, 12 (1).

[23] 李新婷, 魏钰, 张丛林, 等. 国家公园如何平衡生态保护与社区发展：国际经验与中国探索 [J]. 国家公园（中英文）, 2023, 1 (1).

[24] 李艺欣, 张颖. 生态系统服务价值评估及其溢出效应研究：以承德市森林生态系统为例 [J]. 环境保护, 2023, 51 (22).

[25] 李永健, 张敏, 周丽娟. 环境教育在生态保护中的作用 [J]. 环境保护, 2014, 42 (2).

[26] 李勇, 张伟. 区域环境问题的累积性及其应对策略 [J]. 环境保护, 2015, 42 (5).

[27] 李周. 生态价值核算与实现机制研究 [J]. 山西师大学报

（社会科学版），2022，49（1）．

[28] 林金兰，刘昕明，陈圆．国外湿地生态恢复规划的经验总结及借鉴［J］．化学工程与装备，2015（10）．

[29] 刘东辉．数字资产核算与管理相关问题探析［J］．商业经济，2023（1）．

[30] 刘伟玮，李爽，付梦娣，等．基于利益相关者理论的国家公园协调机制研究［J］．生态经济，2019，35（12）．

[31] 刘晓辉．生态保护中的利益相关者分析［J］．环境科学，2014，35（5）．

[32] 刘雅琴，张婷婷．生态价值增值的市场化机制研究［J］．环境保护，2019，46（4）．

[33] 刘玉龙，马俊杰，等．生态系统服务功能价值评估方法综述［J］．中国人口·资源与环境，2005，15（1）．

[34] 陆岷峰，王婷婷．基于数字经济背景下的数字资产经营与管理战略研究：以商业银行为例［J］．西南金融，2019（11）．

[35] 欧阳志云，王如松．生态系统服务功能、生态价值与可持续发展［J］．世界科技研究与发展，2000，22（5）．

[36] 庞明，张祺浩，王慧．数字经济背景下我国数字资产估值研究［J］．中国集体经济，2023（35）．

[37] 秦昌波，苏洁琼，王倩，等．＂绿水青山就是金山银山＂理论实践政策机制研究［J］．环境科学研究，2018，31（6）．

[38] 邱海平，蒋永穆，刘震，等．把握新质生产力内涵要义塑造高质量发展新优势：新质生产力研究笔谈［J］．经济科学，2024（3）．

[39] 盛蓉．中国生态产品供给效率改善的影响因素研究：基于

技术创新与制度整合双重视角 [J]. 自然资源学报, 2023, 38 (12).

[40] 石敏俊, 陈岭楠, 赵云皓, 等. 生态环境导向的开发 (EOD) 模式的理论逻辑与实践探索 [J]. 中国环境管理, 2024, 16 (2).

[41] 孙博文. 建立健全生态产品价值实现机制的瓶颈制约与策略选择 [J]. 改革, 2022 (5).

[42] 孙志高, 牟晓杰, 陈小兵, 等. 黄河三角洲湿地保护与恢复的现状、问题与建议 [J]. 湿地科学, 2011, 9 (2).

[43] 陶德凯, 杨韩, 夏季. 中外生态产品价值实现研究进展与热点透视：基于 Cite Space 知识图谱分析 [J]. 农业与技术, 2023, 43 (21).

[44] 王兵, 鲁绍伟. 中国经济林生态系统服务价值评估 [J]. 应用生态学报, 2009, 20 (2).

[45] 王芳. 全国碳排放交易体系的建设与发展 [J]. 环境政策与法规, 2020, 28 (4).

[46] 王继斌, 孙景民. 秦皇岛市自然生态问题及保护对策 [J]. 中国环境管理干部学院学报, 2002, 12 (1).

[47] 王建. 社会网络分析在环境管理中的应用 [J]. 环境管理, 2012, 31 (4).

[48] 王景升, 李文华, 任青山, 等. 西藏森林生态系统服务价值 [J]. 自然资源学报, 2007, 22 (5).

[49] 王立龙, 陆林. 湿地公园研究体系构建 [J]. 生态学报, 2011, 31 (17).

[50] 王如松. 生态系统服务的价值及其在环境管理中的应用

[J]. 生态学报, 2003, 23 (5).

[51] 王珊珊. 完善生态补偿机制的法律路径探讨 [J]. 环境保护, 2017, 45 (2).

[52] 王薇, 陈为峰, 等. 黄河三角洲湿地生态系统健康评价指标体系 [J]. 水资源保护, 2012, 28 (1).

[53] 王晓东, 陈斌, 张勇, 等. 生态旅游发展对当地经济和环境的影响 [J]. 旅游学刊, 2015, 30 (4).

[54] 王玉, 毛春梅, 孙长如. 基于 Cite Space 的生态产品价值实现研究的演化路径与趋势 [J]. 水利经济, 2023, 41 (5).

[55] 吴宇. 环境保护税法: 对企业环保行为的影响研究 [J]. 环境经济研究, 2016, 10 (2).

[56] 肖寒, 欧阳志云, 赵景柱, 等. 森林生态系统服务功能及其生态经济价值评估初探: 以海南岛尖峰岭热带森林为例 [J]. 应用生态学, 2000, 11 (4).

[57] 谢高地, 张彩霞, 张雷明. 基于单位面积价值当量因子的生态系统服务价值化方法改进 [J]. 自然资源学报, 2015, 30 (8).

[58] 辛帅. 论生态补偿制度的二元性 [J]. 江西社会科学, 2020, 40 (2).

[59] 许文立, 孙磊. 市场激励型环境规制与能源消费结构转型: 来自中国碳排放权交易试点的经验证据 [J]. 数量经济技术经济研究, 2023, 40 (7).

[60] 阎水玉, 杨培峰等. 长江三角洲生态系统服务价值的测度与分析 [J]. 中国人口·资源与环境, 2005, 15 (1).

[61] 杨俊, 刘小芳, 赵敏. 自然景观在文化景观保护中的作用 [J]. 文化遗产, 2019, 2 (3).

[62] 杨孟禹,房燕,周峻松. 生态价值实现机制研究进展与启示 [J]. 区域经济评论, 2022 (6).

[63] 杨小波,赵敏,李勇. 生态系统服务与生物多样性保护 [J]. 生物多样性, 2011, 19 (3).

[64] 杨雅琳. 促进生态文化国际交流与合作 [J]. 天津经济, 2007 (6).

[65] 叶谣,朱艺琦,杨萌萌,等. 林业创新生态系统对林业绿色发展的影响:基于门槛效应模型 [J]. 林业经济, 2024, 46 (2).

[66] 于术桐,黄贤金,程绪水. 南四湖流域水生态保护与修复生态补偿机制研究 [J]. 中国水利, 2011 (5).

[67] 臧正,邹欣庆,吴雷,等. 基于公平与效率视角的中国大陆生态福祉及生态—经济效率评价 [J]. 生态学报, 2017, 37 (7).

[68] 张二进. 回顾与展望:我国生态产品价值实现研究综述 [J]. 中国国土资源经济, 2023, 36 (4).

[69] 张凯. 全国统一市场下多元主体水权交易:框架设计与机制构建 [J]. 价格理论与实践, 2023 (9).

[70] 张明. 我国绿色金融发展现状及政策建议 [J]. 绿色金融, 2019, 8 (4).

[71] 张伟. 生态修复技术的创新与应用 [J]. 环境科学与技术, 2018, 31 (6).

[72] 张学忠,李晓东,吴志成,等. 森林生态系统的栖息地功能及其保护对策 [J]. 生态学报, 2012, 32 (11).

[73] 张颖,杨桂红. 生态价值评价和生态产品价值实现的经济理论、方法探析 [J]. 生态经济, 2021, 37 (12).

[74] 张志强,徐中民,程国栋. 生态系统服务与自然资本价值

评估[J]. 生态学报, 2001, 21 (11).

[75] 赵同谦, 欧阳志云, 王效科, 等. 中国陆地地表水生态系统服务功能及其生态经济价值评价[J]. 自然资源学报, 2003, 18 (4).

[76] 朱新华, 李雪琳. 生态产品价值实现模式及形成机理: 基于多类型样本的对比分析[J]. 资源科学, 2022, 44 (11).

[77] 朱颖, 周逸帆, 冯育青, 等. 2018年太湖国家湿地公园的价值溢出[J]. 湿地科学, 2020, 18 (1).

(三) 其他

[1] 曹雅蓉, 吴隽宇. 欧盟生态系统及其服务制图与评估 (MAES) 行动的经验与启示[C]//中国风景园林学会. 中国风景园林学会2022年会论文集. 广州: 华南理工大学建筑学院风景园林系, 亚热带建筑科学国家重点实验室, 广州市景观建筑重点实验室, 华南理工大学建筑学院, 2023.

[2] 刘志强. 确立生态保护补偿基本制度规则[N]. 人民日报, 2024-04-12 (2).

[3] 曹亮. 低碳经济、欧盟可再生能源转型与俄罗斯能源出口[D]. 上海: 华东师范大学, 2024.

[4] 迟秀一. 碳排放权交易市场和碳税的协调研究: 基于欧盟实践的考察[D]. 北京: 中国财政科学研究院, 2023.

[6] 邱伟杰. 我国生态保护税收政策问题及对策研究[D]. 秦皇岛: 燕山大学, 2012.

[7] 胡世辉. 工布自然保护区森林生态系统服务功能及可持续发展研究[D]. 北京: 中国农业科学院研究生院, 2010.

[8] 姜宏瑶. 中国湿地生态补偿机制研究[D]. 北京: 北京林

业大学，2011.

［9］李坤海．南极海洋生物资源养护的法律问题研究［D］．上海：上海财经大学，2022.

［10］梁雯雯．生态文明的能源体系研究［D］．呼和浩特：内蒙古大学，2023.

［11］刘柯．环境治理中的行动者网络建构研究［D］．北京：中国矿业大学，2020.

［12］彭新德．长沙城市绿地对空气质量的影响及不同目标空气质量下绿地水量平衡研究［D］．长沙：中南大学，2014.

［13］唐坤．湖泊湿地生态产品价值核算与实现路径研究：以腾冲北海湿地为例［D］．昆明：云南财经大学，2024.

［14］王毓颖．我国生态补偿的机制和典型模式研究［D］．成都：四川大学，2023.

［15］杨阳．黄土高原典型小流域植被与土壤恢复特征及生态系统服务功能评估［D］．咸阳：西北农林科技大学，2019.

［16］周逸帆．综合效益视角下湿地公园价值溢出及其影响因素研究：以太湖国家湿地公园为例［D］．苏州：苏州科技大学，2021.

［17］习近平．决胜全面建成小康社会夺取新时代中国特色社会主义伟大胜利：在中国共产党第十九次全国代表大会上的报告［EB/OL］．中华人民共和国中央人民政府，2017-10-27.

二、英文文献

（一）著作

［1］EATWELL J，MILLGATE M．The Fall and Rise of Keynesian Economics［M］．New York：Oxford University Press，2011.

［2］ WASSERMAN S, FAUST K. Social Network Analysis: Methods and Applications ［M］. Cambridge: Cambridge University Press, 1994.

（二）期刊

［1］ BURT R S. The Network Structure of Social Capital ［J］. Research in Organizational Behavior, 2000, 22.

［2］ COSTANZA R, ARGE R, GROOT R B, et al. The Value of the World's Ecosystem Services and Natural Capital ［J］. Nature, 1997, 387.

［3］ COSTANZA R, DARGE R, GROOT R B, et al. The Value of the World's Ecosystem Services and Natural Capital ［J］. Ecological Economics, 1997, 15 (1).

［4］ GENDERS R, STEENA A. Financial and Estate Planning in the Age of Digital Assets: A Challenge for Advisors and Administrators ［J］. Financial Planning Research Journal, 2017, 3 (1).

［5］ MEYER H. Tips for Safeguarding Your Digital Assets ［J］. Computers & Security, 1996, 15 (7).

［6］ PAGIOLA S, ARCENAS A, PLATAIS G. Can Payments for Environmental Services Help Reduce Poverty? An Exploration of the Issues and the Evidence to Date from Latin America ［J］. World Development, 2005, 33 (2).

［7］ PHAM T D, KAIDA N, YOSHINO K, et al. Willingness to Pay for Mangrove Restoration in the Context of Climate Change in the Cat Ba Biosphere Reserve, Vietnam ［J］. Ocean & Coastal Management, 2018, 163 (1).

［8］SNIJDERS T A B. The Statistical Evaluation of Social Network Dynamics［J］. Sociological Methodology, 2001, 31（1）.

［9］YU H, SHAO C F, WANG X J, et al. Transformation Path of Ecological Product Value and Efficiency Evaluation: The Case of the Qilihai Wetland in Tianjin［J］. International Journal of Environmental Research, 2022, 19（21）.

（三）其他

［1］NIEKERK A V. A Methodological Approach to Modern Digital Asset Management: An Empirical Study［C］. New Orleans: Allied Academies International Conference, International Academy for Case Studies, 2006.

［2］Ecosystem［EB/OL］. Wikipedia, 2018-05-22.

［3］Ecosystem［EB/OL］. UN Environment Programme, 2024-06-18.

［4］National Geographic Society. Ecosystem［EB/OL］. Education, 2024-03-06.

后 记

　　《生态价值增值经济学》是在探讨如何通过经济学的视角理解和增加自然环境及其所提供服务的价值。经过本书的深入探讨，我们不仅认识到生态系统服务对人类福祉的重要性，而且也意识到当前经济体系中存在着未能充分反映这些价值的重大缺陷。生态价值增值经济学作为一个新兴领域，旨在填补这一空白，并为可持续发展提供理论支持和实践指导。

　　《生态价值增值经济学》的核心理念：（1）量化与评估：通过对生态系统服务进行科学合理的量化和评估，我们能够更好地理解自然资本的价值。（2）政策与实践：基于这些评估结果，制定出既能促进经济增长又能保护环境的政策措施。（3）社会参与：鼓励社会各界广泛参与环境保护和可持续发展的实践。

　　《生态价值增值经济学》的未来发展方向：（1）技术创新：随着遥感技术、大数据分析等先进技术的应用，未来对于生态系统服务的监测和评估将更加精确高效。（2）跨学科合作：生态价值增值经济学需要经济学、生态学、地理信息系统等学科间的紧密合作。

（3）公众教育：提高公众对生态价值的认识水平，增强其参与环保行动的积极性。

生态价值增值经济学不仅是一门学科，更是连接人与自然和谐共生的桥梁。面对全球性的环境挑战，我们需要采取更加积极主动的态度，运用科学的方法和技术手段，共同守护我们唯一的地球家园。

笔者

2024 年 8 月 18 日于北京